山东省畜禽与蜂遗传资源状况报告

山东省第三次畜禽遗传资源普查工作办公室　编

山东大学出版社
SHANDONG UNIVERSITY PRESS
·济南·

图书在版编目(CIP)数据

山东省畜禽与蜂遗传资源状况报告 / 山东省第三次
畜禽遗传资源普查工作办公室编. -- 济南：山东大学出
版社，2024. 7. -- ISBN 978-7-5607-8382-6

Ⅰ. S813.9；S89

中国国家版本馆 CIP 数据核字第 2024320MN5 号

责任编辑　李　　港
封面设计　王秋忆

山东省畜禽与蜂遗传资源状况报告

SHANDONGSHENG CHUQIN YU FENG YICHUAN ZIYUAN ZHUANGKUANG BAOGAO

出版发行	山东大学出版社
社　　址	山东省济南市山大南路 20 号
邮政编码	250100
发行热线	(0531)88363008
经　　销	新华书店
印　　刷	济南乾丰云印刷科技有限公司
规　　格	787 毫米×1092 毫米　1/16
	10 印张　230 千字
版　　次	2024 年 7 月第 1 版
印　　次	2024 年 7 月第 1 次印刷
定　　价	68.00 元

《山东省畜禽与蜂遗传资源状况报告》
编委会

序

畜禽遗传资源是国家重要农产品有效供给的战略性资源,也是生物多样性的重要组成部分,对人类社会可持续发展具有重要意义。山东是畜牧业大省,也是畜禽遗传资源大省,其畜禽遗传资源数量位居全国前列。多年来,我省利用畜禽遗传资源培育新品种近 20 个,既对省内外畜禽品种的形成产生了重要影响,也对山东乃至全国畜产品供给及畜牧业可持续发展发挥了重要作用。随着农业现代化与国际间畜禽品种交流加快,农业生产方式正在发生巨大转变,地方畜禽遗传资源受自身特性限制,种群数量与分布区域发生了很大变化,部分资源濒危状况加剧,保护形势日趋严峻。这些变化对生物多样性及畜牧业发展产生了较大影响,所以,开展一次全省范围的畜禽遗传资源普查,对摸清资源家底、强化保护利用意义重大。

国家一直十分重视畜禽遗传资源保护工作。2020 年年底,中央经济工作会议决定把解决好种子与耕地问题、抓好种质资源保护与利用工作作为当年经济工作八项重点任务之一。为摸清农业种质资源家底,2021 年 3 月 23 日,农业农村部组织召开全国农业种质资源普查电视电话会议,启动开展一次全国范围的农业种质资源大普查。我省积极响应中央号召,由省畜牧局牵头成立畜禽遗传资源普查协调推进组、专家组及工作办公室,组织 16 市畜牧兽医部门、技术推广机构技术人员及科研院校有关专家 1.1 万余人,开展全省第三次畜禽遗传资源普查。普查工作按照"县域全覆盖、行政村全覆盖、品种全覆盖"的要求,历经 3 年多的艰苦努力,基本摸清了全省畜禽遗传资源家底,掌握了大量基础数据和资料,后经过 40 余名专家与技术人员的反复论证,历时 1 年多时间编纂完成了《山东省畜禽与蜂遗传资源状况报告》。

　　《山东省畜禽与蜂遗传资源状况报告》系统论述了我省畜禽遗传资源的演变与发展历史，翔实记载了我省畜禽遗传资源的最新状况，并与第二次畜禽遗传资源调查数据作了对比，分析了我省畜禽遗传资源的变化趋势，是一部兼具学术性、科普性、时代性的专著。本书的出版将为我省畜禽遗传资源的科学保护、合理利用及系统开发提供科学依据，也为畜牧生产与科研教学单位提供有益参考。

　　《山东省畜禽与蜂遗传资源状况报告》是对我省第三次畜禽遗传资源普查的深度总结，也是我省畜牧行业专家、学者及广大基层普查人员心血与汗水的体现。值此出版之际，谨向参与全省畜禽遗传资源普查和报告撰写的全体同志表示衷心感谢与热烈祝贺！同时，诚挚希望广大社会各界人士继续关心和支持山东的畜禽遗传资源保护与利用事业，希望全省乃至全国的畜牧行业专家及科技工作者再接再厉，开拓进取，为我国畜禽种业可持续发展作出更大贡献。

2024 年 7 月

前言 1

　　畜禽遗传资源是生物多样性的重要组成部分,也是保障国家重要畜产品有效供给的战略性资源,更是畜牧科技原始创新与现代畜禽种业发展的物质基础。随着工业化和城镇化进程的加快、气候环境的变化以及养殖方式的转变,畜禽地方品种消失风险加剧,群体数量和区域分布发生很大变化。我国大多数畜禽遗传资源是经过劳动人民千百年来的驯养和选育而成的,一旦消失,其蕴含的优异基因、承载的传统农耕文化将随之消亡,生物多样性也将受到影响。

　　山东省于 1979～1983 年、2006～2009 年开展过两次畜禽遗传资源调查,但距今已过去了很多年,而且具体形式为"调查"而非"普查"。2021 年 3 月,经国务院同意,农业农村部在全国范围内组织开展一次畜禽遗传资源普查工作,准备利用 3 年的时间,摸清全国畜禽遗传资源的群体数量,科学评估其特征特性和生产性能的变化情况,发掘鉴定新资源,保护好珍贵、稀有、濒危资源,实现应收尽收、应保尽保。

　　按照全国农业种质资源普查电视电话会议精神及《第三次全国畜禽遗传资源普查实施方案(2021～2023 年)》的要求,山东在全省 16 市 168 个县(区、市及各类开发区)组织 1 万余人开展了一次全省畜禽遗传资源大普查,初步摸清了全省畜禽遗传资源状况。山东省第三次畜禽遗传资源普查工作办公室组织编写了本书,供从业者参考。

山东省第三次畜禽遗传资源普查工作办公室

2024 年 7 月

前言 2

    山东省第三次畜禽遗传资源普查是自1949年以来，全省组织的范围最大、覆盖面最广、品种最全、参与人数最多的资源大普查，系统开展了畜禽遗传资源的面上普查、系统调查和报告编写工作，历时3年多时间，摸清了全省畜禽遗传资源底数。为将全省普查成果形成系统的文献资料，省普查办组织高等院校、研究与推广机构专家共45人撰写了《山东省畜禽与蜂遗传资源状况报告》，供行业部门及社会公众参考。

    本书按照第三次全国畜禽遗传资源普查工作办公室有关要求，将畜禽与蜂作为两个独立的部分进行阐述。畜禽遗传资源状况部分按照畜种不同分为猪、牛、马驴、羊、鸡、水禽和毛皮动物等7节，重点介绍了畜禽遗传资源的起源与演化、分布情况、生产性能特征、变化趋势、作用与价值、保护利用现状、科技创新、政策管理及面临的挑战等。在报告编写过程中，为提升每一部分的专业化水平，编写人员按照畜种、专业进行分组，各组编写论证后，由综合组进行统稿、校审。在此，我们向给本书编写提供帮助的领导及专业技术人员表示诚挚的感谢。在撰写过程中，本着专业性与科普性相结合的原则，在专业表述相关内容的同时，本书力求实现通俗易懂，但因时间与水平有限，难免有疏漏之处，敬请读者批评指正。本书电子稿可同步在山东省畜牧兽医局官网上查看(http://xm.shandong.gov.cn/art/2025/2/10/art_105227_10342767.html?xxgkhide=1)。

编　者

2024 年 7 月

目 录

第一部分　畜禽遗传资源状况报告

第二部分　蜂遗传资源状况报告

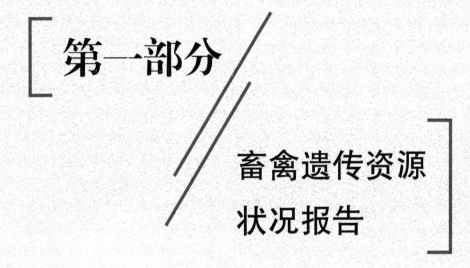

第一部分

畜禽遗传资源状况报告

第一章　畜禽遗传资源状况

山东省是全国畜禽遗传资源大省,在第三次畜禽遗传资源普查前拥有地方畜禽品种 34 个、培育品种 16 个,除山东小毛驴外,全部被列入《国家畜禽遗传资源品种名录(2021 年版)》,其中 13 个地方品种被列入《国家级畜禽遗传资源保护名录》。第三次畜禽遗传资源普查期间,山东省新发现地方品种 4 个(含第二次调查期间遗漏的地方品种 1 个——烟台糁糠鸡)。至此,全省地方畜禽品种总数达 38 个,培育东禽 1 号麻鸡、蓝思猪 2 个配套系(普查期间),畜禽遗传资源(地方品种、培育品种)总数达 56 个。与第二次调查相比,第三次畜禽遗传资源普查后地方畜禽品种数量增加 10 个,培育品种增加 13 个。同时,畜禽遗传资源的分布、特征特性及数量等也或多或少地发生了一些变化。

第一节　猪遗传资源状况

山东地方猪种资源丰富,截至 2021 年有莱芜猪、大蒲莲猪、烟台黑猪、里岔黑猪、沂蒙黑猪、五莲黑猪、枣庄黑盖猪 7 个地方品种和鲁莱黑猪、鲁烟白猪、江泉白猪 3 个培育品种(配套系)。其中,莱芜猪和沂蒙黑猪被列入 1986 年版《中国猪品种志》,莱芜猪和大蒲莲猪被列入 2011 年版《中国畜禽遗传资源志·猪志》,以上 10 个猪种资源全部被列入《国家畜禽遗传资源品种名录(2021 年版)》。第三次畜禽遗传资源普查新发现的猪遗传资源——梁山黑猪,经国家畜禽遗传资源委员会鉴定,正式成为国家畜禽遗传资源品种名录"成员",至此山东地方猪种达 8 个。

一、猪遗传资源起源与演化

（一）猪的祖先和地理起源

在动物分类上，猪属于哺乳纲，偶蹄目，猪形亚目，猪科，猪属，猪属中包括野猪和家猪。

据研究，猪出现在地球上的时间始于中生代（距今 2.45 亿年～6600 万年）。约 1500 万年前，猪属动物在欧亚非大陆上就有了相当广泛的分布。现代家猪的祖先是古代野猪，而野猪最早起源于 400 万年前的东南亚。中国是野猪驯化的多个独立起源地之一，大约在公元前 7000 年，中国野猪开始在黄河流域被驯化饲养。

据考证，山东地方猪的祖先最早可追溯到原始社会的新石器时代，而且在我省的多处考古遗址中都发现了猪的遗迹。如山东大汶口遗址（距今 6500～4500 年）出土的动物骨骼中，猪骨最多。经鉴定，出土的猪头骨是人工饲养的家猪头骨，与现今的莱芜猪头骨相比差异不明显。滕州市北辛遗址（距今约 7300 年）出土的两颗猪头骨，与现今的枣庄黑盖猪头骨较为接近。这些考古发现表明了原始社会养猪之盛，且饲养家猪已成为山东地区的重要生产活动，并与当地人民的生养死葬息息相关。

伴随着人类文明和齐鲁文化的演进，当地黑猪经过长期的自然选择与人工选育，逐步适应当地生态条件并形成了体型外貌、生产性能各具特色的 8 个地方猪种。

（二）猪的驯化与演化

山东位于我国东部沿海暖温带季风气候区，地势地貌类型复杂多样，饲料资源较为丰富。在认识自然、改造自然的实践中，我们的祖先经过长期驯化和选择，选育了莱芜猪等一批优良地方品种。千百年来，地方猪为人们提供物质基础的同时，也体现了人类的文明与进步。如当地劳动人民在长期养猪实践中，对地方猪饲养和选种积累了丰富的经验，形成了放牧和圈养相结合的养殖方式。

山东养猪虽然历史悠久，但由于 20 世纪前的长期闭关自守、农村经济的自给自足，致使猪种发展极为缓慢，直到 20 世纪初期，仍是清一色华北型黑猪的地方猪种。据考古研究，这类黑猪源于华北野猪。按 1986 年出版的《中国猪品种志》猪种分类，山东原有地方猪种归属淮河、秦岭以北地域的华北型。华北是我国古代的文化中心，猪的驯化历史较久，经过长期选育，华北型猪不仅耐粗饲、适应性强、性成熟早、繁殖性能好，而且肉质优良、肉味鲜美。由于自然气候、地形地貌、土壤类别、作物种类、饲养习惯以及肉食需求的差异，各地逐步形成了适应不同生态条件且特征特性各异的地方猪种。

1949年后,山东的猪种改良实现了前所未有的历史性跨越。20世纪90年代以后,随着国外良种瘦肉型猪的引进和推广,地方猪种受到了很大冲击,饲养规模不断缩小,血统减少,近交衰退风险加剧,特别是近年来在非洲猪瘟疫情背景下,我国地方猪遗传资源面临着严重威胁,地方猪保种形势严峻。近一个世纪以来,在普遍追求生长速度、胴体瘦肉率的选育背景下,猪的适应性与肉质不断下降,猪种资源枯竭的趋势逐步显现,而山东地方猪种还能较好地保持着抗逆性强、繁殖力高、肉质优良的特性,这将在优质肉猪开发中发挥愈加重要的作用,有望为我国乃至世界养猪业作出新贡献。

二、猪遗传资源现状

第三次全省畜禽遗传资源普查发现,山东地方猪遗传资源数目在逐渐增加。第二次全国畜禽遗传资源调查时有8个猪品种,包括6个地方品种和2个培育品种(配套系),未发现昌潍白猪;而第三次全国畜禽遗传资源普查时,猪品种增加到11个,包括8个地方品种(含梁山黑猪)和3个培育品种(配套系),未发现鲁农Ⅰ号猪配套系。改革开放以来,随着"洋"品种猪的推广,我省地方猪品种经历了由盛及衰的过程,社会散养数量逐步减少,部分品种甚至处于濒危状态,但随着国家级、省级保种场的建立,山东地方猪灭绝风险得到有效降低。

三、猪遗传资源分布及特征特性

(一)猪遗传资源分布

山东猪的8个地方品种和3个培育品种(配套系)中,除莱芜猪、鲁莱黑猪和烟台黑猪在多个地市有分布外,其余品种主要分布在各自的主产地及周边地区。

莱芜猪(见图1-1-1)和鲁莱黑猪的主产区位于济南市莱芜、钢城,分布于济南市莱芜、钢城和章丘,泰安市岱岳、新泰,淄博市博山等地。

图1-1-1　莱芜猪(公为左图,母为右图,下同)

烟台黑猪(见图 1-1-2)主要分布在烟台市莱州、莱阳、海阳、栖霞、招远、蓬莱、龙口、牟平等 8 个地区,威海市乳山、文登等地。

图 1-1-2　烟台黑猪

大蒲莲猪(见图 1-1-3)主产区位于济宁市嘉祥,主要分布于嘉祥、汶上两地。

图 1-1-3　大蒲莲猪

里岔黑猪(见图 1-1-4)主产区位于青岛市胶州、胶南和潍坊市诸城三地交界处的胶河流域,主要分布于胶州西南部的里岔、张应、张家屯、铺集,胶南的宝山、六汪,诸城的林家村、桃园,高密的城律等地。

图 1-1-4　里岔黑猪

沂蒙黑猪(见图 1-1-5)主产区位于临沂市罗庄、沂水、沂南等地,主要分布于临沂市罗庄、沂南、沂水、费县、平邑、兰山、郯城等地。

图 1-1-5　沂蒙黑猪

五莲黑猪(见图 1-1-6)主产区位于日照市五莲,主要分布于日照市五莲、东港北部、莒县北部部分区域。

图 1-1-6　五莲黑猪

枣庄黑盖猪(见图 1-1-7)主产区位于枣庄市滕州和山亭,主要分布于峄城、山亭、台儿庄、滕州一带。

图 1-1-7　枣庄黑盖猪

梁山黑猪(见图 1-1-8)主产区位于济宁市梁山西部的马营、小路口、馆驿、韩岗、杨营等地。

图 1-1-8　梁山黑猪

鲁烟白猪、江泉白猪、蓝思猪配套系分别分布在烟台市莱州、临沂市罗庄、日照市东港,其周边地区也有少量分布。

(二)猪遗传资源特征特性

1.体型外貌

山东地方猪被毛全部为黑色,里岔黑猪和沂蒙黑猪体型偏大,其余猪种体型中等。

山东地方猪头嘴长直,额部有不同形状的皱纹。莱芜猪、枣庄黑盖猪、梁山黑猪额部有倒"八"字形皱纹;大蒲莲猪额部皱褶呈莲花状;里岔黑猪、烟台黑猪、五莲黑猪有浅而多的纵向皱纹;沂蒙黑猪额部有金钱形皱纹。

莱芜猪、大蒲莲猪、五莲黑猪、梁山黑猪耳大下垂;烟台黑猪、里岔黑猪、枣庄黑盖猪耳中等大小,半下垂;沂蒙黑猪耳中等大小,根稍硬,耳尖向前倾。

莱芜猪和大蒲莲猪背腰狭窄、微凹,腹部稍下垂,斜尻,臀部欠丰满;里岔黑猪、烟台黑猪、五莲黑猪、枣庄黑盖猪、沂蒙黑猪、梁山黑猪背腰平直,腹部较紧凑,后躯较丰满。

2.生长性能

根据第三次全省畜禽遗传资源普查的相关信息,山东地方猪种的总体表现为:初生体重较小,生长速度较慢,饲料报酬较低,且不同品种间相差较大,日增重 389～580 g,料重比为 3.8～4.4。成年公母猪体重和体型相差较大,沂蒙黑猪和里岔黑猪体型较大,大蒲莲猪、枣庄黑盖猪、梁山黑猪体型居中,莱芜猪、烟台黑猪、五莲黑猪体型较小。鲁莱黑猪等培育品种的各项指标有所提高,生产性能与亲本相比有了大幅提高。

3.繁殖性能

山东地方猪性成熟早,公母猪在 120～150 日龄达性成熟,公母猪适配日龄为

150～210 日龄。母猪发情周期为 18～23 天,发情期为 3～5 天,平均妊娠期为 110～116 天,总产仔数为 11.5～14.3 头,产活仔数为 10.5～13.3 头。

培育品种(配套系)公母猪在 140～180 日龄可达到性成熟,公母猪适配日龄为 180～240 日龄,其他指标与地方猪差异不大。

4.产品品质

第三次全省畜禽遗传资源普查期间,测定山东省各猪品种(配套系)在体重 100 kg 左右屠宰时的产品品质特性如下:

①胴体品质:总体来说,山东地方猪背膘较厚,为 33.1～42.9 mm;瘦肉率较低,为 42.6%～50.3%。各培育品种(配套系)胴体性状都有不同程度的提高。

②肌肉品质:山东地方猪的肉质具有肉色鲜红、大理石纹丰富、持水性能良好等优良特性。培育品种(配套系)也在一定程度上保留了地方猪的优良肉质特性。

5.特殊种质特性

莱芜猪平均肌内脂肪含量在 10% 以上,肌肉呈点状或雾状的大理石花纹,居山东地方猪种之首,在全国地方猪种中名列前茅。里岔黑猪的肋骨对数平均为 15.4 对,比一般地方猪多 1～2 对。

6.其他特性

(1)不同猪种适应的自然条件状况

莱芜猪主产区地处我国黄河下游的泰沂山区和泰莱平原,地势复杂多变;莱芜猪适应当地山地、丘陵和平原相间的温带季风自然气候条件,具有良好的抗逆性和适应性。

大蒲莲猪与梁山黑猪原产地位于山东省济宁市嘉祥与梁山一带,地处黄泛冲积平原的边缘,地势平坦,海拔较低,这两个品种的猪适应平原地区的温带季风自然气候条件。

五莲黑猪、沂蒙黑猪、枣庄黑盖猪原产地位于山东南部和东南部地区,适应当地山区的丘陵与平原相间的温带大陆性季风气候条件。

烟台黑猪和里岔黑猪原产于山东省胶东半岛,适应胶东半岛半丘陵半平原的暖温带湿润季风气候条件。

(2)对非疾病性刺激的适应

山东地方猪在长期的自然选择中具备了较强的耐粗饲性能和抗寒能力,可利用荒山荒坡进行放牧饲养。在开放、半开放式猪舍和放牧饲养的条件下,山东地方猪在冬季寒冷时节照常繁殖产仔,这与其抗寒特性和母猪护仔行为有关。

山东地方猪的抗应激能力也较突出。以前养殖户都是在各集市的猪市上购销小崽猪和种猪,小崽猪被捆绑着用推车运至猪市(路途颠簸),种猪被赶着去往猪市,更有猪崽在猪市上一两天不吃不喝,但被养殖户买回养殖后照常健康生长。

(3)抗病性和耐受性

山东地方猪种在辖区内的适应性强,对各类传染病具有较强的抵抗能力。例如,与"杜长大"杂交商品猪相比,大蒲莲猪对猪蓝耳病有更强的抵抗力,在感染猪蓝耳病病毒后,仅表现出较轻的临床症状和病理变化,且血清中的病毒含量相对较低。

但山东地方猪大多易感气喘病,所以在日常管理中应重视气喘病的防治和空气净化。

四、猪遗传资源变化趋势

(一)多样性

1.品种多样性

自 1979 年农业部组织第一次全国畜禽遗传资源调查以来,山东地区猪遗传资源数量总体呈现上升趋势,具体如表 1-1-1 所示。

表 1-1-1   山东地区猪遗传资源调(普)查统计情况变化表

年份	猪品种(配套系)名称	灭失品种(配套系)	品种总数
1979	莱芜猪、沂蒙黑猪	—	2
1998	莱芜猪、大蒲莲猪、烟台黑猪、里岔黑猪、五莲黑猪、沂蒙黑猪、昌潍白猪	—	7
2006	莱芜猪、大蒲莲猪、烟台黑猪、里岔黑猪、五莲黑猪、沂蒙黑猪、鲁莱黑猪、鲁烟白猪	昌潍白猪	8
2021	莱芜猪、大蒲莲猪、烟台黑猪、里岔黑猪、五莲黑猪、沂蒙黑猪、枣庄黑盖猪、梁山黑猪、鲁莱黑猪、鲁烟白猪、江泉白猪	鲁农Ⅰ号猪	11

2.遗传多样性

中华人民共和国建立初期,我国各地饲养的绝大多数是本地猪种,地方猪的社会存养量很大,遗传多样性也很丰富。但随着国内外猪种引进加快,地方猪受到的影响程度逐步加大,到 20 世纪 70 年代末、80 年代初,本地猪的数量越来越少,遗传多样性逐渐降低。进入 21 世纪以来,地方猪种保种场陆续建立,并采取了一系列措施减少近交增量,尽量保持地方猪遗传多样性。有研究表明,莱芜猪和大蒲莲猪的遗传多样性较低,其他 6 个地方猪种的遗传多样性较高,遗传多样性降低会导致个体和种群的繁殖性能、适应性等下降。例如,第三次资源普查时莱芜猪经产母猪活产仔数(12.8 头)比第一次(13.33 头)和第二次(13.72 头)资源调查时有所下降。

(二)遗传特性

山东养猪历史悠久,在过去漫长的缺"脂"年代,人工选择趋向于脂肪型猪。20 世纪 90 年代以来,随着社会经济发展和人民生活水平的提高,人们对瘦肉猪的需求越来越高,所以山东地方猪在生长速度和瘦肉率等性能方面均有所提高,推动了地方猪逐渐由脂肪型向肉脂兼用型转变。

(三)数 量

中华人民共和国成立初期,山东各地的地方猪社会存养量较大。据统计,1958 年泰安(含现在新泰及济南市章丘、平阴、长清)、济南莱芜县的莱芜猪总存栏量为 124200 余头。从 20 世纪 50 年代后期开始,山东先后引进国内外猪种对地方猪进行改良和杂交利用,但由于缺乏统一的改良规划,在一定程度上造成地方猪群混杂,导致本地猪的纯种数量减少。

20 世纪 70 年代,山东各地开始建立地方猪保种场(群),山东地方猪资源得以有效保纯。进入 21 世纪后,随着人民对猪肉多元化需求的增加,地方猪养殖场越来越多,地方猪的数量也有所增加。2006 年第二次全国畜禽遗传资源调查时,产区内莱芜猪能繁母猪达 8200 余头;大蒲莲猪存养种猪 200 头;沂蒙黑猪存栏约 5950 头,其中保种场存栏约 2750 头(能繁母猪 310 头)、社会存栏约 3200 头。2021 年第三次全省畜禽遗传资源普查时,各地方猪种资源均有了一定程度的提高,特别是莱芜猪的群体数量提升很多。但是,除了莱芜猪、烟台黑猪、里岔黑猪外,其余品种的种群规模仍偏小,处于危险状态。

第二节　牛遗传资源状况

山东拥有鲁西牛、渤海黑牛、蒙山牛 3 个地方牛遗传资源,还有一些引入品种,如西门塔尔牛、利木赞牛等。3 个地方品种均被收录于 1999 年版《山东省畜禽品种志》、

2011 年版《中国畜禽遗传资源志·牛志》及《山东省畜禽遗传资源保护名录》，其中，鲁西牛与渤海黑牛被列入《国家级畜禽遗传资源保护名录》。

一、牛遗传资源起源与演化

（一）牛的祖先和地理起源

在动物分类上，牛属于哺乳纲，偶蹄目，反刍亚目，牛科，牛亚科，牛属，牛属包括黄牛、瘤牛和牦牛。

据研究，家牛的祖先为原牛，目前已经灭绝。原牛曾广泛分布在欧洲、亚洲及非洲北部，并分为多个不同的亚种。大约在史前时代，原牛就被人类驯化成家养的牲畜。根据形态学及地理分布，原牛分为 3 个大陆亚种：普通原牛、瘤原牛和非洲原牛。考古研究表明至少存在两个独立的驯化中心：约 10000 年前在近东地区的新月沃地，人类首先将当地的温带原牛驯化成目前无瘤峰的普通牛，俗称黄牛；而在 8000 年前，人类在印度河流域又将当地的热带原牛亚种驯化成有瘤峰的瘤牛。之后人类在迁徙过程中将家牛带到了全世界。

据考证，山东地方牛的祖先最早可追溯到原始社会的新石器时代，在山东多处考古遗址中都能发现牛的遗迹。大汶口文化（距今 6500～4500 年）和龙山文化（距今 4600～4000 年）遗址出土的文物表明，牛在当地很早即成为家畜。3000 年前周成王时，曾由西亚、阿拉伯一带向黄河一带输入过瘤牛。2000 多年前东汉顺帝时，大秦国进贡过肩峰牛，即瘤牛。鲁西牛以亚洲原牛血统为主，混入部分瘤牛型原牛血统。元朝时期，蒙古牛中的黑毛牛随同牧民多次南迁，被带到渤海沿岸与当地牛杂交，为渤海黑牛的形成奠定了基础。蒙山牛不同个体具有黄、黑、栗、红色毛，且部分非黑色毛个体具有"黑鼻镜、黑蹄壳、黑尾端"的"六点黑"特征，所以，蒙山牛应该是山东及其周边地区的黄毛色牛和黑毛色牛杂交形成的类群，并经过长期的风土驯化和选育形成。

（二）牛的驯化与演化

人类驯化牛的活动可以追溯到 7000 年前甚至更早，从某种广泛的意义上来说，人类驯化牛的活动至今都没有结束，而且还在一直延续。因为人类还在根据自己的需要不断地对牛进行选育改良，使牛这一物种朝着符合人类需要的方向不断改变。

早在远古时代，养牛主要供作食用；到了黄帝时期开始用牛拉车；西周时期开始用牛耕田；到了春秋时代，随着铁制农具的出现，牛开始成为农耕地区的主要耕畜。在漫长的封建社会中，牛一直是不可缺少的农业生产"工具"。牛作为最重要的耕畜，不得随意宰杀。中华人民共和国成立以来,党和政府十分重视黄牛的生产发展,针对不同时期国计民生的不同需求,提出了一系列促进养牛业发展的方针政策和奖励措施,使中国黄牛这一资源得以发展壮大。

改革开放 40 多年来,山东省黄牛养殖经历了两个转变。一是随着畜牧业生产发展和人民膳食结构改善,养牛效益逐年提高,牛只数量持续增长。"家养一头牛,吃穿不用愁;家养两头牛,花钱不发愁;家养三头牛,茅屋变小楼"等顺口溜应运而生并传遍神州大地。二是进入 21 世纪后,由于农业机械化的快速发展,黄牛由农业生产的主要动力变为辅助动力,功能由役用转向肉用。

二、牛遗传资源现状

鲁西牛、渤海黑牛、蒙山牛是山东 3 个主要地方牛品种。1980 年前后,随着农村集体所有制经济结构调整,黄牛作为集体经济乃至当时全社会生产发展的重要"工具",其社会存养量巨大。据统计,1985 年山东全省黄牛数量约达 2000 万头。随着改革开放的持续推进和西门塔尔牛、利木赞牛等引入品种的推广,黄牛杂种后代逐步增多,且随着农业机械化的快速发展,黄牛役用逐步消失,肉用牛养殖逐步成为养牛业的主导方向。因为肉用牛性能低、生长速度慢,所以地方牛品种不再是社会散养与规模化养殖的主体。尽管鲁西牛、渤海黑牛有生产特色优质牛肉的特性,但也不能改变其数量逐步减少的局面。就第三次畜禽遗传资源普查来看,除保种场外,地方品种牛的社会存养数极少,且蒙山牛处于濒危状态。

三、牛遗传资源分布及特征特性

(一)牛遗传资源分布

鲁西牛(见图 1-1-9)主要产地为山东省菏泽市和济宁市西部,即黄河以南、京杭大运河以西、黄河故道以北的三角地带。鲁西牛在菏泽的郓城、鄄城、巨野,济宁的梁山、嘉祥、汶上、金乡等地数量多、质量好;在聊城市南部、泰安市西南部及德州市的部分地区也有分布,但数量较少。

图 1-1-9　鲁西牛

渤海黑牛(见图 1-1-10)主要产地为山东省滨州市渤海沿岸的无棣、沾化、阳信等地,分布于滨州市滨城,东营市利津、垦利、广饶等地,在潍坊市、德州市、淄博市北部也有分布,但数量较少。

图 1-1-10　渤海黑牛

蒙山牛(见图 1-1-11)原产于山东省临沂市,主产区包括河东、平邑、费县、蒙阴、沂南等地区,在沂蒙山区的其他地区也有分布。

图 1-1-11　蒙山牛

（二）牛遗传资源特征特性

1.体型外貌

鲁西牛大中体型,体躯粗壮,腰背宽平,形体结构匀称、紧凑,前躯肌肉发达。被毛从浅黄到棕红,以黄色居多。多数牛具有完全、不完全的"三粉"特征,即眼圈、口轮、腹下为粉白色,鼻镜多为淡肉色,部分黄毛色牛的鼻镜有黑斑或黑点。公牛角型多为倒"八"字角或扁担角,母牛角型以龙门角为多。

渤海黑牛中等体型,体质结实,结构紧凑,呈长方形,后躯较发达。全身被毛较短,呈黑色或黑褐色,蹄、角、鼻镜及舌面皆为黑褐色。

蒙山牛体型较小,形体结构结实紧凑,毛色有黄、黑、栗、红等颜色。公牛角较粗长,母牛角较细短、少数无角。角型有龙门角、扁担角、"八"字角、顺风角等。部分黄牛具有黑鼻镜、黑蹄壳、黑尾端,即所谓"六点黑"。"抱头旋,龙门角,骆驼蹄子,大尾巴"是蒙山牛的典型外貌特征。

2.生长性能

根据第三次全省畜禽遗传资源普查的相关信息,山东地方牛在总体上:初生体重较小,生长速度较慢;成年公牛和成年母牛体重与体型相差较大;鲁西牛体型较大,渤海黑牛体型中等,蒙山牛体型偏小。

3.繁殖性能

山东地方牛性成熟早,常年发情,以单胎为主,母性好,繁殖力较强,泌乳周期短。公牛性成熟及适配年龄为18月龄,精液质量良好。

4.产品品质

根据第三次全省畜禽遗传资源普查的相关信息,山东地方牛品种屠宰数据为:鲁西牛屠宰体重较大,净肉率较高,眼肌面积较大;相对来说,渤海黑牛屠宰体重较小,净肉率稍低,眼肌面积稍小。蒙山牛因濒临灭绝,未开展屠宰性能测定。

5.特殊种质特性

鲁西牛是中国五大黄牛之一,具有毛密皮紧的特性,可以生产优质皮革。同时,在普通饲养条件下,其脂肪均匀地分布在肌肉纤维之间,形成明显的大理石花纹,有"五花三层肉"之美誉,作为"山东膘牛"称誉国际市场。研究表明,采取特殊饲养工艺,能够利用鲁西牛、渤海黑牛生产出优质雪花牛肉。

蒙山牛爬坡能力较强,适合在山区丘陵地带役用。

6.其他特性

（1）对非疾病性刺激的适应

山东地方牛抗热能力强,30～35 ℃可正常增重和使役;但耐寒能力较差,－10～－5 ℃时,牛舍要保暖。

（2）抗病性等特性

山东地方牛适应性强,对各类传染病都有较强的抵抗能力,且具有耐粗饲的特点。在用少量精料或不用精料的情况下,喂以麦秸、玉米秸也能维持生产,并保持一定的生长速度。

渤海黑牛对盐碱地适应性较强。

第三节　马驴遗传资源状况

山东马驴遗传资源主要包括培育品种渤海马、地方品种德州驴,均列入 1987 年《中国马驴品种志》、2011 年《中国畜禽遗传资源志·马驴驼志》和《国家畜禽遗传资源品种名录(2021 年版)》。山东小毛驴曾是华北驴的一个类型,第二次全国畜禽遗传资源调查将华北驴拆分时漏报,但其一直是山东省畜禽遗传资源保护品种。

一、马驴遗传资源起源与演化

（一）分类

按照动物分类学,马属于脊索动物门,哺乳纲,奇蹄目,马科,马属的草食性动物,现存有野马与家马两个亚种。驴在动物分类学上属于脊索动物门,哺乳纲,奇蹄目,马科,马属驴种。

马、驴、斑马等统称为马属动物。由于马属动物之间是同属不同种,有共同的起源及亲缘关系,因此相互之间可以交配产生异种间的杂种。家马和家驴的种间杂交是最典型的也是人类利用最多的。因家马和家驴染色体数目不同,与其他种间杂交动物一样,可以产生种间杂交后代,但种间杂交后代一般没有生育繁殖能力,如公驴配母马或公马配母驴,均可产生种间杂种马骡或驴骡,所以,探讨其起源必须从马属动物的起源进行追溯。

（二）起源

马属动物的起源与进化一直被作为生物进化理论的经典实例。1841 年古生物学家理查德·欧文(Richard Owen)发现并命名了马化石——*Hyracotherium*,从而拉开了马起源进化研究的序幕。一般认为,马起源于 7500 万年前的爬行动物,经历了始祖马、渐新马、中新马、上新马、现代马等五个阶段。

马属动物被公认始于北美,但我国可能是世界上马种起源最早的国家之一。在山东发现的始新世中华原古马化石与内蒙古中新世的安琪马化石、华北上新世的三趾马化石、南方更新世的云南马化石都证明了这一点。这些化石与欧美发掘的始新马化石属于同一始新马亚科,前有四趾,后有三趾。可以肯定,在中国猿人出现的一百万年前,我国已有三趾马存在。

(三)分化

现代马、驴和斑马都是由真马演化而来的。有研究认为,现代马、驴和斑马的祖先在 400 万~450 万年前就已经分化;研究者通过对马、驴和其他哺乳动物 mtrRNA 完整序列的研究,认为这两个种的分化时间大约在 900 万年前。在更新世纪以前,马、驴和斑马在化石结构特征上还无法鉴别。一般认为,三门马是现代马的祖先,山东青州、章丘等地都曾出现过三门马化石,由此可见,三门马分布较为广泛。此外,2.5 万年前,马属动物分别分化出了斑马、野驴和野马等。从三门马起,驴与马的外貌形态开始分化并逐渐形成了独立的品种,野驴化石已经出现在我国许多地方,并与野马化石伴生。

一般认为,近代马的品种是从冰期存活下来的 4 种原始马类动物中繁衍出来的,即欧洲野马、冻原马、森林马和普氏野马。研究发现,普氏野马是博泰马的后代,现存家马仅有 2.7% 的博泰马血统,表明现代马群的扩张可能与大规模基因组转换有关。

驴种起源主要有两种观点:一种认为驴起源于北非,向东传至印度和中国,陈建兴等人根据分子生物学实验研究进一步支持了中国家驴起源于非洲的论断;另一种则认为我国驴品种所处生态类型很多,部分仍保留着亚洲野驴(又称"骞驴")的某些毛色、外形特征和特性,而且亚洲野驴分布广,我国养驴历史悠久,因此受其影响较大。

(四)传播

历城城子崖龙山文化遗址发现马及其他兽骨和石镰、蚌镰等,说明在 4000 年前马已被驯化、利用。临淄殉马坑和春秋殉马车、田忌赛马和伯乐相马等都是齐鲁大地古代养马的有力佐证。

公元前 3000~前 2000 年,驯养驴就出现在埃及以及伊朗、阿富汗等亚洲西南部的国家和地区,并逐渐在中亚、西亚和我国新疆等地传播。张骞出使西域后,将驴带入中原,并经陕甘逐渐推广至全国。山东养驴早在战国时期就有记载,在北魏和宋代曾大量引入并饲养。山东定陶"商圣"陶朱公说:"子欲速富,当畜五牸。""五牸"指牛、马、猪、羊、驴。这说明,山东养马、养驴历史悠久,且是较早掌握利用马驴杂交优势繁育骡子的地区。

1933年,山东马、驴、骡存栏量较高。此后,由于战乱,马、驴、骡数量分别下降了19.3%、12.6%和29.4%。20世纪30年代,驴是山东主要畜种,占大家畜的40.8%。中华人民共和国成立时,山东地区马存栏量1.8万匹、骡子13.7万头、驴142.3万头。

在长期的小农经济影响下,环渤海区域和沿黄地区农民经济基础薄弱,养驴业的使役、繁殖收益较高。当地习惯以苜蓿等牧草喂驴,保证了驴正常发育和繁殖所需的营养物质。群众长期养驴积累了丰富的选育经验,重视选育和培育驴驹,在鲁西、鲁北地区形成了大型驴种——德州驴,而在胶东半岛和鲁中山区则在保留了原始驴种(华北驴)的同时,形成了山东小毛驴。其中,山东小毛驴(小型驴)、杂交驴(中型驴)和德州驴(大型驴)分别对应东部的胶东半岛、沂蒙山区、鲁中地区和西北部黄河沿岸的鲁北平原这些不同区域和地理环境。

二、马驴遗传资源分布及特征特性

(一)资源分布

1.渤海马

渤海马主产于渤海湾南岸和莱州湾的西南岸,包括胶东半岛的莱州、龙口、蓬莱、文登、荣成、莱阳各地及莱州原土山牧场;主要分布于无棣、沾化、垦利、广饶、寿光、昌邑,以及原广北农场、原垦利马场及青岛莱西农牧马场等。

2.德州驴

德州驴(见图1-1-12)主产于鲁北、冀东平原的沿渤海地区。历史上,当地群众有用驴驮盐到德州贩卖的习惯,使德州成了该品种驴的集散地,故称"德州驴";因以山东的无棣、庆云和河北的盐山等为主产区,当地又称为"无棣驴";其分布比较广,山东的无棣、沾化、垦利、广饶、寿光及河北的黄骅等环渤海地区都曾有分布,故河北称为"渤海驴"。

图1-1-12　德州驴

3.山东小毛驴

山东小毛驴(见图1-1-13)主要分布于胶东半岛、沂蒙山区和鲁中地区的山区和丘陵地带。因以烟台、威海、青岛等胶东地区为主产区,又称"胶东小毛驴",属于华北驴的一个类型。

图1-1-13　山东小毛驴

(二)外貌特征

1.渤海马

渤海马体质结实,性情温驯;头中等大,直头,眼大有神;鬐甲明显,胸宽而深,肋拱圆,背腰平直;尻部发育良好,多正尻;四肢干燥粗壮,关节明显,尾毛长且浓密;以骝马、栗色马为主,头部多有白章。

2.德州驴

德州驴高大结实,体型匀称,头颈躯干结合良好;毛色分"三粉"和"乌头"两个类型,并表现出不同的体质和遗传类型。其中,"三粉"(粉黑)全身毛色纯黑,鼻、眼周围和腹下为白色,"三粉"毛色个体约占群体数量的87.5%;"乌头"(乌头黑)全身乌黑,无白,约占群体数量的12.5%。其皮是制作阿胶的首选原料。

3.山东小毛驴

山东小毛驴皮薄毛细,体质结实紧凑,体型呈正方形,头大耳长,颈短,胸窄,尻高,蹄小坚实。因体格矮小,产区群众称之为"狗驴"。其灰色驴占60.5%~76%,其余多为驼色、苍色和青色,背线、鹰膀和虎斑明显。成年公驴、母驴的体尺和体尺指数比较接近,属于小型驴。但1984年调查数据显示,其体尺指数已经达到中型驴标准;就第三次全省畜禽遗传资源普查情况来看,其体尺指数、体重又有进一步提高。

(三)生产性能

1.生长性能

德州驴役用性能良好,挽、乘、驮皆宜,持久力好。公驴最大挽力平均175 kg,母驴平均 170 kg。第三次全国畜禽遗传资源普查数据显示,与 1975 年相比,德州驴体尺指数变化不大,但其体重明显提高,公驴、母驴分别提高了 25.61%、17.46%。

与 1984 年数据相比,山东小毛驴主要体尺指数、体重同步增长,达到大型驴体高标准。

2.繁殖性能

德州驴、山东小毛驴性成熟早,均在 18～24 月龄达性成熟;2.5 岁达到适配年龄,但由于出生时间和季节影响,一般在 3 岁左右配种;发情期 4～8 天,妊娠期约 360 天。渤海马也比较早熟,12～18 月龄达到性成熟。

三、马驴遗传资源变化趋势

(一)多样性

根据第三次全省畜禽遗传资源普查,山东省境内马驴遗传资源有 19 个(地方品种 10 个、培育品种 2 个、引入品种 7 个),其中驴遗传资源有 2 个。渤海马、德州驴是山东主产品种,渤海马数量较少,德州驴虽然在区域内数量减少,但全省驴存栏占比有所上升。全省建立了 3 个国家级保种场、1 个省级保种场、3 个原种场。全省马驴家系数量较多,种群总体稳定,遗传多样性相对丰富。

(二)遗传特性

1.渤海马

渤海马的选育目标过去以挽用为主,进入 21 世纪后,随着其役用地位的降低,使得渤海马的选育基本处于停滞状态,生产性能有不同程度的下降。为保护其遗传多样性,山东曾在蓬莱建立渤海马省级保种场,但由于经营困难而倒闭。2022 年的测量数据显示,渤海马的体尺、体型结构与 2006 年相比变化不大(见图 1-1-14 和图 1-1-15:图中数据来自 1975 年、1983 年和 2006 年对成年渤海马体重和体尺的测量,2022 年第三次全国畜禽遗传资源普查时对主产区渤海马进行的测量)。

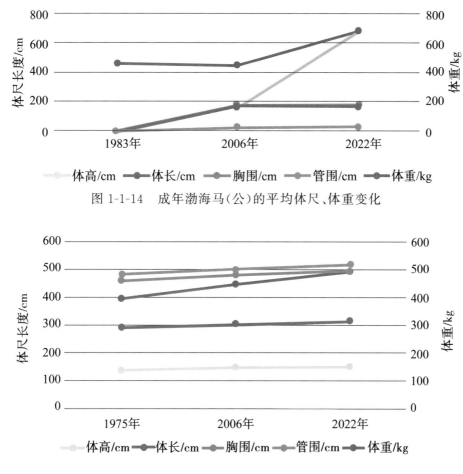

图 1-1-14 成年渤海马（公）的平均体尺、体重变化

图 1-1-15 成年渤海马（母）的平均体尺、体重变化

2.德州驴

德州驴是我国分布最广、体型最大、选育程度和产业化水平最高的驴品种。1962～1963 年,我省先后在无棣和庆云建立种驴场,组建育种群及系谱档案,通过系统选育、提纯复壮及选种选配,德州驴的质量不断提高,逐渐形成了具有挽力大、耐粗饲、抗病力强等特点的大型挽驮兼用品种。随着社会发展和肉用需求增加,人们对德州驴的选育方向逐步转为以肉用、皮用为主。近年来,德州驴成为我国科研和产业单位关注的焦点,经过多年的持续选育,与 1975 年相比,其体尺、体重均有较大提高。其中,公驴体长提高 5.21%、母驴体长提高 5.25%;公驴体重增加 25.61%、母驴体重增加 17.46%(见图 1-1-16 和图 1-1-17;2006 年对公、母各 6 头成年德州驴进行了体重和体尺测量,样本太少,缺乏代表性;2022 年第三次全国畜禽遗传资源普查时对主产区德州驴进行测定,公驴为乌头德州驴,其中 3 头未成年,统计时剔除)。

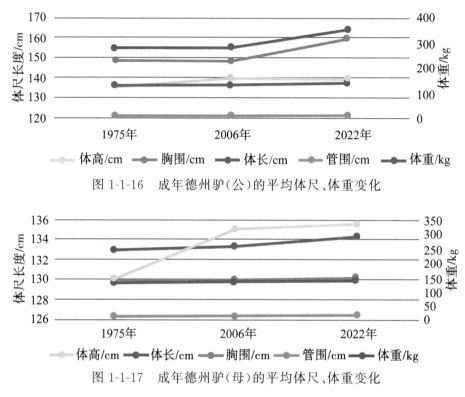

图 1-1-16　成年德州驴（公）的平均体尺、体重变化

图 1-1-17　成年德州驴（母）的平均体尺、体重变化

3.山东小毛驴

山东小毛驴作为华北驴的一个类型，由于与德州驴分布区交互共存，其遗传特征发生了变化。陈建兴等表示，山东小毛驴在抗病力强、繁殖力强这些优良性状上经历了较强的人工选择，对揭示山东小毛驴群体免疫性状的遗传机制具有一定意义（见图1-1-18 和图 1-1-19；数据来源于《烟台农业志》《山东家畜》和 2022 年实际测定）。

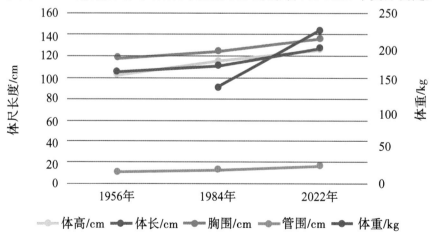

图 1-1-18　成年山东小毛驴（公）的体尺、体重

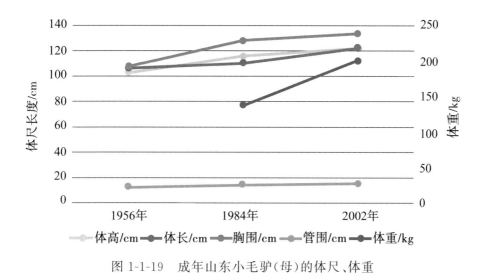

图 1-1-19 成年山东小毛驴(母)的体尺、体重

（三）数量

由于与经济社会关系密切,马驴数量变化受社会经济发展水平和发展方向的影响较大。1949 年马、驴存栏量分别为 1.8 万匹、142.3 万头,占大牲畜的 38.06％。1994 年山东马存栏量达到 42.17 万匹的历史最高点,占全国存栏量的 4.2％;山东驴存栏量高点出现在 1955 年、1995 年,分别为 172.6 万头、143.47 万头,占全国总量的13.92％、13.35％。1995 年后存栏量开始下降(见图 1-1-20)。

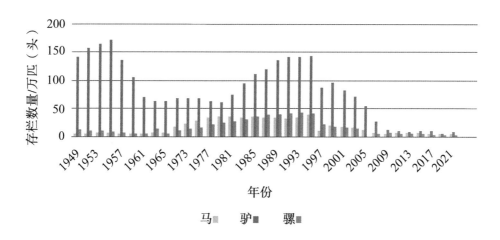

图 1-1-20 1949～2021 年山东省马、驴、骡资源消长变化图

2006 年年末,渤海马主产区东营市共存栏 112 匹,全省总数不足 500 匹。2023年全省马匹存栏 727 匹,渤海马仅存 9 匹。

2000 年后,阿胶、驴肉等需求增加,农户养驴的积极性不断提高,德州驴成为养殖场、养殖户饲养的重要品种。2021 年的调查数据显示,山东德州驴存栏量 2.65 万头,占全国总数的 23.47％。

1954 年山东小毛驴曾达到创纪录的 46 万头,占烟台地区大家畜的 69.68％,占全省驴存栏量的 27.88％,占全国驴存栏量的 3.76％。1984 年山东小毛驴、德州驴、杂种驴在烟台地区的占比分别为 6.08％、3.09％、90.83％。山东小毛驴与德州驴存栏比为 1.97∶1。可见,山东小毛驴曾在主产区占主导地位。

党的十一届三中全会以后,家庭联产承包责任制的实行极大地解放了生产力,提高了劳动效率。1984 年烟台(含威海)、青岛的驴存栏量由 1949 年的 49.36 万头锐减到 3.66 万。随着驴的役用地位降低,山东小毛驴种质资源迅速衰减。第三次全省畜禽遗传资源普查显示,山东小毛驴存栏量为 93 头,其中公驴 9 头、母驴 84 头。

第四节　羊遗传资源状况

山东省地处黄河流域,是中华民族远古文明的发源地之一,有着悠久的养羊历史,其得天独厚的地理位置和复杂多元的生态环境,构成了绵羊、山羊系统发育与演变的自然基础,造就了丰富多样的羊遗传资源。第三次全省畜禽遗传资源普查显示:全省共有羊品种资源 14 个,其中,地方绵羊品种 5 个,包括小尾寒羊、大尾寒羊、洼地绵羊、鲁中山地绵羊和泗水裘皮羊;地方山羊品种 5 个,包括济宁青山羊、沂蒙黑山羊、鲁北白山羊、莱芜黑山羊和牙山黑绒山羊;培育品种 4 个,包括崂山奶山羊、文登奶山羊、鲁西黑头羊和鲁中肉羊。这些性能优良的资源在满足人们消费需求、构成畜牧业经济生产主体、维护生态系统平衡的同时,还渗透进人们的生活、文化、信仰、科技、娱乐等活动中,影响着社会文明的发展与进步,是我省不可多得的战略性资源和宝贵财富。

一、羊遗传资源起源与演化

(一)羊的祖先和地理起源

绵羊和山羊在动物分类学上虽然同属于偶蹄目,洞角科,羊亚科,但它们分属于绵羊属和山羊属。绵羊有 27 对染色体,山羊有 30 对染色体,因此它们不属于同一物种,二者的祖先和地理起源也不相同。

关于绵羊的祖先和地理起源,国际学术界普遍认为,绵羊最有可能是在8000～10000年前的两河流域的"新月沃地",即乌利阿尔地区,由亚洲摩弗伦羊驯化而来。4500～6800年前,绵羊经由不同的路线多次从驯化地沿着中亚草原带扩散至蒙古高原,并以蒙古高原作为一个转运中心,进一步向南扩散,进入中国各地区。古代的丝绸之路也是绵羊扩散和输送的一条重要通道。绵羊进入我国境内后,经历了西域羊种东移和北羊南迁的历史。

山羊是人类最早驯养的动物之一,多数学者认为现代家养山羊的祖先是中亚细亚一带的角羊。山羊的驯化起源问题一直是争论的焦点,目前普遍认同山羊驯化多起源的观点。根据在河北武安磁山断层、河南裴李岗中发现的约8000年前的羊骨(头骨和牙齿)和陶羊推断,我国史前驯化山羊的可能性很大,中国的黄河流域及其邻近的西北草原至少也是山羊驯化发源地之一。

山东与羊有关的最早文物是胶州博物馆收藏的羊乳形袋足红陶鬶,是人们模仿羊的乳房形象创造出来的。该器物侈口,鸟喙形,颈较高而呈漏斗形,器身不显,三羊乳形空袋形足,前面的两袋足稍外鼓,后部的袋足上附半圆形把手,属于5000年前的大汶口文化时期。

山东最早的家养绵羊骨骼出现在1928年发现的以新石器时代龙山文化为主的山东历城城子崖遗址里,1963年发现的山东泗水尹家城龙山文化遗址中也出现了与人类同栖息的猪、马、牛、羊等的骨骼。这说明我省的养羊历史至少有4400年。

(二)羊的驯化与演化

山东有悠久的养羊历史,魏晋南北朝时期养羊就已成为农民的重要副业,北魏贾思勰所著《齐民要术》专立一篇《养羊》,总结当时劳动人民的养羊经验。书中对羊的品种鉴别、饲养管理、留取良种、繁殖产羔及兽医药方均有记录。此外,该书还对牧羊人的性格特点、牧羊时羊群起居的时间、住房离水源的远近、驱赶的快慢、出牧的迟早以及羊圈的建筑、管理和饲料的储备等,都做了详细阐述。该书对剪毛法也有叙述,指出剪毛的时期和次数取决于季节,有春毛、伏毛和秋毛的区别等。这说明当时羊的饲养管理已有了很大进步。

千百年来,不同来源的羊在山东各地区经过长期的自然选择、人工选育和社会适应等过程,与其原始祖先在形态结构、生长发育、生殖生理和生物学行为等方面产生了明显差异。驯化与演化主要分为两个阶段:第一阶段,以获取肉食为目的,选育出肉用品种;第二阶段,以获取羊毛、羊皮、羊奶等副产品为目的,选育出更多经济性状多元化的品种。演化之后,羊的生长速度、肌肉和脂肪沉积能力、产奶量都发生了变化。演化至今天,形成了我省表型丰富多样、经济用途(包括肉用型、乳用型、裘皮用型、毛绒用型等)各异的地方羊品种资源(见表 1-1-2)。

表 1-1-2 　　　　　　　　山东省地方羊经济用途分类表

类型	品种	产品
肉用型	鲁西黑头羊、鲁中肉羊	羊肉
肉裘兼用型	小尾寒羊、鲁中山地绵羊	羊肉、毛皮
裘肉兼用型	泗水裘皮羊	羊肉、毛皮
肉毛兼用型	洼地绵羊	羊肉、羊毛
肉脂兼用型	大尾寒羊	羊肉、尾脂
肉绒兼用型	莱芜黑山羊、沂蒙黑山羊	羊肉、羊绒
绒肉兼用型	牙山黑绒山羊	羊肉、羊绒
乳肉兼用型	崂山奶山羊、文登奶山羊	羊奶、羊肉
羔皮型	济宁青山羊	羊肉、猾子皮
肉皮兼用型	鲁北白山羊	羊肉、羊皮

我国的绵羊品种按照地理分布和遗传关系可划分为蒙古系、哈萨克系和藏系 3个谱系。我省现有的 5 个绵羊品种均属于蒙古系绵羊。蒙古羊基本都是在宋元时期随着社会变革、民族贸易往来、生活需求和社会发展,进入各品种的发源地。由于气候、环境、饲草饲料以及饲养方式的改变,古老的蒙古羊生态习性和种质特性发生了变化,历经风土驯化和劳动人民的长期选择及精心培育,形成了适应不同生态环境和满足不同生产需求的绵羊品种资源。如小尾寒羊从寒冷的蒙古草原迁徙到气候适宜、饲草料丰富的菏泽、济宁一带,从放牧饲养转变为农家小群饲养。当地老百姓在选育方向上注重多产肉、多产羔羊的同时,还注重生产优质裘皮。产区群众在裘皮加工方面独具特色,生产出"二毛皮""大毛皮""大一生""小一生"等多种裘皮原料。另外,当地有斗羊取乐的习俗,老百姓喜欢选留体格高大、强壮、斗性强的公羊留作种用。在这样的社会背景和生态条件下,经过广大群众长期的定向选育,逐步形成了生长发育快、性成熟早、繁殖率高,适合农区舍饲、"舍饲＋放牧饲养"为主的肉裘兼用型

小尾寒羊。

山东的5个地方山羊品种都是在当地自然环境下,经过劳动人民长期饲养、选育形成的。在选育过程中,人们根据自己的需求和喜好对羊的形态、生理和经济性状进行强度选择,最终导致这些品种与祖先在形态、生产、生理和行为上出现差异,形成了如今肉皮兼用型的鲁北白山羊、肉绒兼用的沂蒙黑山羊和莱芜黑山羊、羔皮型的济宁青山羊和绒肉兼用型的牙山黑绒山羊。崂山奶山羊和文登奶山羊都是在清朝光绪年间(1898年),由基督教传教士将本国的莎能奶山羊、吐根堡羊带入境内,与当地羊不断杂交形成的乳肉兼用型山羊品种。

二、羊遗传资源现状

山东羊遗传资源丰富,现有小尾寒羊、大尾寒羊、洼地绵羊、鲁中山地绵羊、泗水裘皮羊、济宁青山羊、沂蒙黑山羊、鲁北白山羊、莱芜黑山羊和牙山黑绒山羊等10个地方羊品种资源。莱芜黑山羊、牙山黑绒山羊于2014年入选《国家级畜禽遗传资源保护名录》;崂山奶山羊、文登奶山羊、鲁西黑头羊和鲁中肉羊4个培育品种被收录于《国家畜禽遗传资源品种名录(2021年版)》。

三、羊遗传资源分布及特征特性

(一)羊遗传资源分布

小尾寒羊(见图1-1-21)原产于黄河流域的山东、河北及河南一带平原地区,在山东的主产区主要位于山东西南部的梁山、嘉祥、汶上、郓城、鄄城、巨野、东平、岱岳、阳谷等地。

图1-1-21　小尾寒羊

大尾寒羊(见图1-1-22)原产于山东聊城市、河北东南部及河南新密市一带,在山东主要分布于聊城市临清、冠县、莘县、阳谷、东阿,德州市夏津等地。

图 1-1-22　大尾寒羊

洼地绵羊(见图 1-1-23)分布于渤海西南岸一带,主产区位于山东滨州市黄河以北的沾化、滨城、无棣、阳信、惠民五地,此外,德州、济南、淄博、东营等地亦有少量分布。

图 1-1-23　洼地绵羊

鲁中山地绵羊(见图 1-1-24)产于山东中南部的泰山、沂山、蒙山等山区丘陵地带,主产区为济南市平阴、长清,泰安市东平等地。

图 1-1-24　鲁中山地绵羊

泗水裘皮羊(见图 1-1-25)的主产区在山东中部的泗水,在曲阜、邹城一带亦有分布。

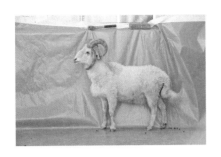

图 1-1-25　泗水裘皮羊

济宁青山羊(见图 1-1-26)原产于山东西南地区的济宁市和菏泽市,主要分布于济宁市嘉祥、梁山、金乡、任城、鱼台、汶上,菏泽市曹县、单县、巨野、郓城、鄄城、定陶等地,聊城、泰安、枣庄、临沂等地也有少量分布。

图 1-1-26　济宁青山羊

沂蒙黑山羊(见图 1-1-27)原产于山东中南部的泰山、沂山及蒙山山区,主产区为临沂市蒙阴、平邑、费县、沂南、沂水,潍坊市临朐,淄博市沂源、淄川,泰安市新泰、岱岳、泰山等地。

图 1-1-27　沂蒙黑山羊

鲁北白山羊(见图 1-1-28)主产于山东滨州、德州、聊城、东营、济南等市,主要分布于滨城、无棣、沾化、阳信、利津、垦利、平原、茌平、冠县、高唐等地。

图 1-1-28　鲁北白山羊

莱芜黑山羊(见图 1-1-29)原产于山东泰莱山区,主产区在济南市莱芜、钢城、章丘,泰安市岱岳、新泰,淄博市博山等地。

图 1-1-29　莱芜黑山羊

牙山黑绒山羊(见图 1-1-30)主产区位于烟台市栖霞、莱州、蓬莱、海阳、牟平、福山、招远等地,广泛分布在山东烟台、济南、泰安、临沂、淄博、威海、日照等地。

图 1-1-30　牙山黑绒山羊

崂山奶山羊分布在青岛、威海、烟台、潍坊等地,青岛市崂山、即墨数量较多。

文登奶山羊主要分布于威海市文登。

鲁西黑头羊主产区在聊城市,东昌府区、临清、冠县、茌平等地数量较多。

鲁中肉羊主产区在济南市莱芜。

（二）羊遗传资源特征特性

1.体型外貌

体型外貌特征是鉴别羊品种资源的重要依据。我省的羊品种资源基本都具有典型的体型外貌特征，品种间存在明显的差异，甚至部分品种的亚群之间也存在丰富的多样性。

第三次全省畜禽遗传资源普查显示，在体型方面，小尾寒羊体格高大，但后躯欠丰满；济宁青山羊体型最小，在当地被称为"狗羊"；沂蒙黑山羊、莱芜黑山羊和牙山黑绒山羊体格中等，体型呈长方形，四肢健壮结实，适于在山地登高爬坡；崂山奶山羊和文登奶山羊体躯发达，乳房基部宽广，上方下圆，是典型的乳用型体型；鲁西黑头羊和鲁中肉羊符合肉用体型，胸宽深，肋骨开张良好，后躯丰满，全身呈桶状结构。

在毛色方面，山东羊品种的毛色种类较多，有黑色、白色、青色、棕红色等。牙山黑绒山羊全身被毛为黑色；沂蒙黑山羊和莱芜黑山羊中90%的个体被毛为纯黑色，少数个体被毛为棕红色或青灰色，或有"火焰腿""二花脸"的特征，即背侧部为黑色，四肢、腹部、肛门周围、耳内毛及面部为深浅不一的黄色；济宁青山羊毛色为青色，这在世界上都少见，具有"四青一黑"的特征，即被毛、嘴唇、角、蹄为青色，前膝为黑色，被毛由黑、白毛纤维组成，根据被毛中黑白二色毛所占比例，分为正青色、粉青色和铁青色；鲁西黑头羊的头颈部被毛为黑色，躯体和四肢的被毛为白色；其余9个品种羊的被毛均为白色。

在角型方面，现代羊的角都趋向于变小或消失，出现了公母羊均有角、公羊有角母羊无角和公母羊均无角的三种表现型；角的形状也出现了明显的分化，有螺旋形角、姜牙角、镰刀形角、对旋角、直立角、弓形角等类型。例如，洼地绵羊公母羊均无角；新培育的鲁西黑头羊和鲁中肉羊，在选育中就进行了无角选育；其他品种羊都是公羊有较大的螺旋形角、对旋角或弓形角，母羊有小尖角或无角。泗水裘皮羊的公羊具多角的特点，角数在2个以上，最多可达6个角，具有一定的观赏价值。

在尾型方面，羊的尾型是一种重要的表型性状。过去羊的尾巴为满足人类对脂类的需求提供了大量脂肪，也为羊抵御极端寒冷的环境储存了能量，但是随着人们生活水平的不断提高，以及对高脂类羊肉需求的减少，过度尾脂沉积反而会增加饲养成本，因此，在生产中需要进行断尾处理。山东羊的尾型特征根据尾部沉积脂肪的多少及尾的大小长短可分为三类。

①短瘦尾羊。尾长不超过飞节,尾部不沉积大量脂肪,外观细小,如培育的鲁西黑头羊、鲁中肉羊。我省的7个山羊品种也属于此类型,尾巴短而上翘。

②短脂尾羊。尾长不超过飞节,但尾部沉积大量脂肪,外观呈不规则圆形,如小尾寒羊、鲁中山地绵羊和泗水裘皮羊,洼地绵羊的尾巴宽大于长,外观呈方形。

③长脂尾羊。尾长超过飞节,尾部沉积大量脂肪,外观肥大而长,如大尾寒羊。

2.生长性能

山东绵羊品种中,小尾寒羊体型最大,前期生长发育快,但后期生长慢,肌肉沉积能力差;鲁西黑头羊体型较小尾寒羊小,但体躯浑圆,肌肉丰满,产肉量最高,鲁中肉羊次之。

山东的肉用山羊体型小,生长发育慢,屠宰率较低,但味道鲜美,风味独特,常用来生产地方特色羊肉。崂山奶山羊和文登奶山羊体格偏大,文登奶山羊产奶量较高。牙山黑绒山羊产绒量最多。

3.繁殖性能

山东羊品种可分为高繁殖力、中繁殖力和低繁殖力三类。高繁殖力品种包括小尾寒羊、洼地绵羊、济宁青山羊,这类羊性成熟早,四季发情,繁殖率高,通常母羊两年产三胎,每胎产羔2～4只,平均产羔率在230％以上;中繁殖力品种包括鲁西黑头羊、鲁中肉羊、大尾寒羊、鲁北白山羊、崂山奶山羊、文登奶山羊,鲁西黑头羊和鲁中肉羊继承了母本小尾寒羊和湖羊的高繁特性,平均产羔率能达到190％～230％,大尾寒羊平均产羔率在205％左右;低繁殖力品种有鲁中山地绵羊、泗水裘皮羊、沂蒙黑山羊、莱芜黑山羊、牙山黑绒山羊,平均产羔率在100％～140％。

4.产品品质

山东羊品种资源肉品品质良好,具有肉质细嫩、风味突出等特点。崂山奶山羊和文登奶山羊的羊奶乳脂含量较高,质地细腻,蛋氨酸、赖氨酸和组氨酸含量较高,适合用于制作奶酪、酸奶等乳制品。牙山黑绒山羊、沂蒙黑山羊、莱芜黑山羊所产羊绒属于紫绒类,质量高、光泽好、强度大、手感柔软。

5.特殊种质特性

(1)洼地绵羊的多乳头性状

20％～30％的洼地绵羊个体具有四乳头性状,而且带四乳头的个体具有高繁殖力和高泌乳力的趋势。

（2）小尾寒羊的好斗性

小尾寒羊公羊个体大，有粗壮的角，天性悍威，天生好斗。只要两只成年公羊见了面就会红眼，它们用角互蹭，很快就拉开架势，共同后退数米，然后向着对方的头猛烈冲击，发出响亮的撞击声。那螺旋形羊角的撞击足可产生 8000 N 的力量，似劈木声响，使人感到仿佛脚下的地皮都被震动了。其角斗场面惊险激烈，蔚为壮观。

（3）泗水裘皮羊的多角性

种群中有 2~6 个角的个体均有出现，且角的生长、弯曲方向存在个体表型分离现象。

（4）鲁中山地绵羊和泗水裘皮羊的小耳朵性状

这两个品种中有部分羊的耳朵很小，长度小于 6 cm，有的甚至看不到耳朵，仅能看到耳根。

6.其他特性

（1）不同物种和品种适应的自然条件状况

小尾寒羊、洼地绵羊、大尾寒羊、泗水裘皮羊、济宁青山羊和鲁北白山羊均分布于我省黄河流域的平原地带。产区属温带大陆性季风气候，水资源充足，土质肥沃，饲草料资源丰富，这些品种羊适应于当地的生态环境，尤其是洼地绵羊和鲁北白山羊，原产于黄河三角洲地区，适应在盐碱、潮湿的低洼地带生长。

沂蒙黑山羊、莱芜黑山羊、鲁中山地绵羊主要分布于鲁中和鲁南山区一带，包括沂蒙山区、泰莱山区及泰山山脉以西的平原过渡地带，产区地形复杂，地貌类型多样，山地和丘陵区植被覆盖良好，这三个品种的羊适应于在山地放牧饲养。

牙山黑绒山羊的主产区位于胶东半岛低山丘陵地带，属暖温带湿润季风气候。受海洋影响，近海及山地夏季气温不高，冬季漫长，非常适于羊的生长发育及产绒。

（2）抗病性和耐受性

山东地方品种羊均具有抗病力强、耐粗饲、采食性广的特性。在精饲料不足的情况下，依靠低品质牧草和秸秆依然能生存；可采食的粗饲料种类繁多，农作物秸秆、牧草、野生杂草、树叶、树枝、作物及蔬菜等的副产品都可食用；洼地绵羊和鲁北白山羊因适应在盐碱、潮湿的低洼地带生长而具有抗腐蹄病的特性。

四、羊遗传资源变化趋势

(一)多样性

根据第三次全省畜禽遗传资源普查结果,山东羊遗传资源共计有 14 个品种,其中地方羊遗传资源有 10 个(占 71.4%)、培育品种有 4 个(占 28.6%)。预计未来 3 年内,以地方羊品种为素材培育的 2 个羊品种将申请国家审定。

近年来的研究结果显示,山东地方羊品种的遗传变异程度较高,遗传基础比较广泛,具有丰富的遗传多样性。但品种内可能存在着一定程度的近交,尤其是大尾寒羊,近交程度较高;莱芜黑山羊种群结构稳定,品种纯度较高;济宁青山羊和鲁北白山羊品种的群体结构受到一定程度的威胁,需要进行保护,主要措施是进行系统育种规划、科学选种选配、防止群体间杂交等。

(二)遗传特性

羊资源遗传特性的变化趋势会随着市场需求的变化而改变。例如,1920 年前,济宁青山羊毛色有黑色、白色和青色三种,但由于青猾皮花纹美观,深受国际市场欢迎,导致产区内黑色和白色的青山羊逐渐减少直至消失。而且,剥取羔羊皮生产猾子皮的方式,形成了济宁青山羊性成熟早、产羔率高、体型小的特性。

过去,人们对小尾寒羊的需求是多产羔、产肉量多、裘皮好、斗性强,所以小尾寒羊具有高繁多胎、腿高体格大等特性。但是随着人们对羊肉需求量的日益增长和羊裘皮市场需求的萎缩,以及羊皮、羊毛市场的饱和,我省的地方羊资源经济用途向肉用方向转变(奶山羊品种除外),更加注重体重、体尺、日增重、屠宰率、净肉率等指标的选育,向体型大、体躯丰满、生长速度快、产肉量多的方向发展。如小尾寒羊在体型上将更加注重向腿低矮、胸宽背厚、后躯丰满等方向选育,以利于肌肉沉积。

另外,繁殖性能是羊的重要经济性状,母羊多产一羔就预示着多增加一只羊的收入,因此高产羔率一直是我省羊遗传资源未来的选育方向。尤其是针对繁殖率较低的品种,如沂蒙黑山羊、莱芜黑山羊、牙山黑绒山羊、鲁中山地绵羊和泗水裘皮羊等,提高产羔率是其首要的选育指标。

(三)数量

自 1949 年以来到第三次畜禽遗传资源普查,总体来看,山东羊遗传资源存养数量呈现锐减趋势。第三次普查结果显示,已有 11 个地方羊品种数量在大幅度减少,泗水裘皮羊、大尾寒羊濒临灭绝(见图 1-1-31 和图 1-1-32)。随着畜牧业大量引种和集约化程度的提高,畜禽遗传资源受到的威胁将进一步加剧。

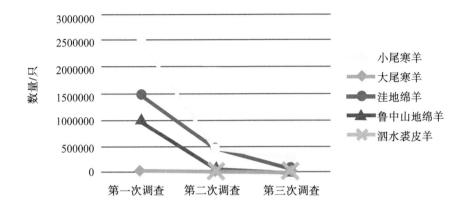

图 1-1-31　绵羊遗传资源数量变化趋势

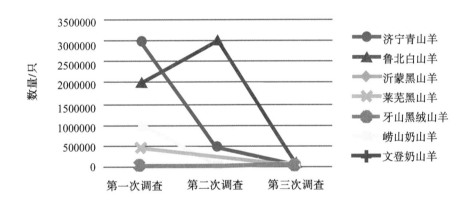

图 1-1-32　山羊遗传资源数量变化趋势

第五节　鸡遗传资源状况

目前,山东有 9 个地方鸡品种和 4 个鸡配套系。其中,6 个旧有地方品种包括寿光鸡、济宁百日鸡、汶上芦花鸡、琅琊鸡、鲁西斗鸡和沂蒙鸡;鲁禽 1 号麻鸡配套系、鲁禽 3 号麻鸡配套系均被《国家畜禽遗传资源品种名录(2021 版)》收录,益生 909 小型白羽肉鸡配套系与东禽 1 号麻鸡配套系分别于 2021 年和 2022 年通过国家遗传资源委员会审定;地方品种烟台糁糠鸡、枣庄孙枝鸡和莱芜黑鸡于第三次资源普查时被发现,并于2024年通过国家遗传资源委员会鉴定,其中烟台糁糠鸡作为遗漏资源在济宁地区被重新发现。

一、鸡遗传资源起源与演化

(一)鸡的祖先和地理起源

家鸡属鸟纲,鸡形目,雉科,原鸡属,原鸡种。现普遍认为原鸡属中的红色原鸡是现代家鸡的祖先。红色原鸡至今在我国仍有两个亚种,即滇南亚种和海南亚种,分布于我国云南、广西、广东、海南等地。关于中国家鸡的起源问题,在过去很长的一段时间里皆引用达尔文《动物和植物在家养下的变异》一书中提到的"中国家鸡是公元前1400年由印度传入"的观点。但后来我国许多学者从考古学、史学等角度对此予以否定,并提出中国家鸡有自己的起源地,而且驯化时间远早于印度的家鸡。山东省滕州市出土的北辛文化遗址中就有原鸡或家鸡的遗骨,比达尔文所说的中国家鸡由印度传入的时间提早了近4000年。

我国最早有关鸡的记载出现在殷代甲骨文中,"鸡"字为"鸟"旁加"奚"的形声字。《淮南子·人间训》记载:"鲁季氏与郈氏斗鸡,郈氏介其鸡,而季氏为之金距。"春秋战国时期,鸡已成为"六畜"之一。《孟子·尽心上》中有:"五母鸡,二母彘,无失其时,老者足以无失肉矣。"说明当时养鸡已很普遍,且至汉代,养鸡业更加发达。《西京杂记》说:"高帝既作新丰,……放犬羊鸡鸭于通涂,亦竞识其家。"唐宋以后,鸡一直被作为主要家禽饲养,养鸡成为古代畜牧业的一个重要部分。明代王圻《三才图会》中有:"鸡有蜀、鲁、荆、越诸种。越鸡小,蜀鸡大,鲁鸡又其大者。"

(二)鸡的驯化与演化

从现有史料记载看,山东古代不仅养鸡相当普遍,而且经过长期的人工驯化形成了丰富的遗传资源,并逐渐形成了蛋用型、兼用型、玩赏型等用途不同及体型外貌各异的鸡品种,济宁百日鸡、寿光鸡和鲁西斗鸡分别是以上三种类型的代表鸡品种。

战国时邹衍所著《周礼·夏宫》、北魏贾思勰所著《齐民要术》及近代《寿光县志》中皆有对寿光鸡的描述。《寿光县志》还记载:"斗鸡台在城东二里,齐俗好吹竽鼓瑟斗鸡走狗。"即在寿光县境内的吕留、古城等乡设有斗鸡台,以供民间斗鸡娱乐。当地特有的生态环境、社会经济发展和劳动人民的长期选育,成为寿光鸡体大、蛋大和斗鸡体型形成与发展的重要因素,这一过程历经千年。

济宁作为鲁西南地区一个古老的手工业城市,唐宋时已有万商云集,元朝初期会通河(济宁市区的老京杭大运河)开通后,南北交通便利,商贸更加繁荣,明清时达到鼎盛,成为鲁西南重要的商贸中心,每天的禽肉蛋消费量较大,这促进了养鸡业的发展。该地农民历来就有户户养鸡的习惯,大量的产品需求使得当地群众喜欢下蛋早的小型鸡,并采用散放饲养的方式以节省饲料。长期的民间选择逐渐形成了济宁百日鸡体型小、觅食能力强和开产早的优良特性。

汶上县志中也有清光绪年间"汶上芦花大公鸡"的记载。经对产区考察发现,当地群众偏爱芦花羽色,因而长期选择体大、羽色黑白相间的鸡做种用。当地鸡孵化历史悠久,有"孵化之乡"之称。群众自繁自养,孵化后依据"黑鸡白顶门瓜,长大必定是芦花"的选育经验进行选留,对保持和稳定种鸡羽毛的纯正和种用质量起到重要作用。

琅琊鸡的形成与当地早期人类文明及商业活动密切相关,胶南至今还有齐长城、尧王城和龙山、商、周、汉代文化遗址多处。该地地处沿海,海上交通、贸易较发达,禽产品对外销售量较大。农村有养鸡供过节食用和逢喜事庆贺时杀鸡成宴的习俗,这些习俗促使民间爱养大鸡,留种鸡多体型较大,同时不断积累选种经验,这对琅琊鸡形成遗传性能稳定、体大、蛋大等优良特性起到了重要作用。

《史记》和《汉书》上记载多处有关"斗鸡走狗"之事。公元前770年,春秋战国时期的鲁季平子与邻昭伯以斗鸡而得罪鲁昭公,竟互相打起架来。据《成武县志》记载:"斗鸡台在文亭山后。周宣王三年(公元前679年),齐桓公以宋背北杏之会,曾搂诸侯伐宋,单伯会之,取成于宋北境时,斗鸡其上。"可见当时奴隶主玩斗鸡已颇盛行。唐代文学家陈鸿《东城父老传》记有:"玄宗(712~756年)在藩邸时乐民间清明节斗鸡戏,及即位,治鸡坊于两宫间,家长安雄鸡,金毫、铁距、高冠、昂尾千数,养放鸡坊。"鲁西斗鸡的形成与当地斗鸡习俗有着密切关系,经过长期不断的选育,形成体型大、肌肉发达、斗性强的特点,成为国内古老的斗鸡品种之一。

烟台穆糠鸡形成历史较早,据《蓬莱县志》记载,远在明、清时期本区一些港口即大宗出口鲜蛋、皮蛋、咸蛋、鸡毛等,畅销十几个国家,成为当地重要的出口产品。多年来产区群众重视外形选种,实行自繁自养,选择体大、高产的种鸡留种,坚持自选大蛋孵化,采取自养雏鸡和精心饲养等措施,这些群众积累的选育和管理经验,对该品种的形成和种质的不断提高产生了重要作用。

沂蒙山指的是以沂山、蒙山为地质坐标的地理区域,分布在以临沂市为中心的几个市内,整个沂蒙山区山地、丘陵、平原差不多各占三分之一。在这种特殊的地理环境下,沂蒙山区人民素有养鸡、炒鸡、吃鸡的习俗。《临沂地区志》记载,当地人民喜好养殖胸宽、冠大直立、尾羽呈墨绿色的大红公鸡和麻羽母鸡,俗称"草鸡"。在此基础上,经过人们的长期选育,形成了沂蒙鸡这一优良品种。

二、鸡遗传资源现状

山东地方鸡品种资源丰富,1951年出版的《山东优良家畜》和1957年出版的《山东省家畜家禽优良品种介绍》中就有关于寿光鸡的品种介绍;1978年出版的《山东省家禽地方品种资源调查汇编》收录了寿光鸡、汶上芦花鸡、济宁鸡(即济宁百日鸡)、荣成元宝鸡、烟台糁糠鸡、琅琊鸡6个品种;2011年出版的《中国畜禽遗传资源志·家禽志》收录了寿光鸡、济宁百日鸡、汶上芦花鸡、琅琊鸡和鲁西斗鸡5个地方品种。

《国家畜禽遗传资源品种名录(2021年版)》收录了山东6个地方鸡品种和2个配套系,地方品种除2011年志书收录的5个品种外,增加了沂蒙鸡;2个配套系是鲁禽1号麻鸡配套系和鲁禽3号麻鸡配套系。益生909小型白羽肉鸡配套系和东禽1号麻鸡配套系分别于2021年、2022年通过国家畜禽遗传资源委员会审定。2006年第二次全国畜禽遗传资源调查中未发现的烟台糁糠鸡,在第三次全国畜禽遗传资源普查时在济宁市发现,经考证,正名为烟台糁糠鸡。此外,普查期间发现的枣庄孙枝鸡、莱芜黑鸡于2024年通过国家畜禽遗传资源委员会鉴定。因此,目前山东省共有9个地方鸡品种和4个培育配套系。

山东历史上曾培育出青岛白来杭鸡、济南花鸡、寿光花鸡等品种,目前均已不存在。

三、鸡遗传资源分布及特征特性

(一)遗传资源分布

山东鸡遗传资源主要分布在黄河以南地区,重点是菏泽、济宁、临沂、日照、潍坊、青岛、烟台等市。

寿光鸡(见图1-1-33)原产地为山东省寿光市稻田镇一带,主产区为寿光市,主要分布在寿光市及相邻的潍坊郊区、昌乐、青州,东营广饶等地,济南、青岛、枣庄、烟台、泰安、日照、临沂、德州、聊城、滨州和菏泽等市也有分布。

图 1-1-33 寿光鸡

济宁百日鸡(见图 1-1-34)原产地为山东省济宁市郊,主产区为任城区,分布于邻近的泗水、嘉祥、兖州等地,济南、枣庄、聊城和菏泽等市也有分布。

图 1-1-34 济宁百日鸡

汶上芦花鸡(见图 1-1-35)原产于汶上县以及相邻的梁山、任城、嘉祥等地,省内各市乃至外省也有分布。

图 1-1-35 汶上芦花鸡

琅琊鸡(见图 1-1-36)原产地为山东日照市,主产区在青岛市胶南南部与日照市东北部相连接的沿海一带,以及莒县、东港、五莲、诸城等地,济南、枣庄、烟台、临沂、聊城和滨州等市也有分布。

图 1-1-36　琅琊鸡

烟台糁糠鸡(见图 1-1-37)原产于山东半岛烟台市北部沿海一带,集中产区为蓬莱、龙口、莱州三地,现主要分布于济宁市。

图 1-1-37　烟台糁糠鸡

鲁西斗鸡(见图 1-1-38)原产地及主产区为山东省西南部的菏泽鄄城、曹县、成武等地,青岛、枣庄、烟台、济宁和聊城等市也有分布。

图 1-1-38　鲁西斗鸡

沂蒙鸡(见图 1-1-39)原产于临沂市兰山和相邻的费县、平邑、蒙阴、临沭等地,青岛、枣庄、烟台、潍坊、济宁、泰安和聊城等市也有分布。

图 1-1-39 沂蒙鸡

莱芜黑鸡(见图 1-1-40)原产地为济南市钢城、莱芜,中心产区为辛庄、颜庄、口镇、雪野、苗山及周边乡镇,淄博市博山、沂源和泰安市新泰、泰山也有分布。

图 1-1-40 莱芜黑鸡

枣庄孙枝鸡(见图 1-1-41)原产于鲁中南低山丘陵南部地区的枣庄市境内,中心产区为市中、山亭、峄城、薛城、台儿庄和滕州的东部丘陵山区一带。

图 1-1-41 枣庄孙枝鸡

(二)遗传资源特征特性

1.经济类型

济宁百日鸡属蛋用型,寿光鸡、汶上芦花鸡、琅琊鸡、沂蒙鸡、烟台糁糠鸡、枣庄孙枝鸡、莱芜黑鸡为兼用型,鲁西斗鸡为玩赏型。

2.体型外貌

按体型分,寿光鸡和鲁西斗鸡体型较大,琅琊鸡、沂蒙鸡、烟台糁糠鸡和莱芜黑鸡体型中等,济宁百日鸡、汶上芦花鸡和枣庄孙枝鸡体型较小。

从羽毛颜色来分,寿光鸡、莱芜黑鸡全身羽毛黑色,有金属光泽。汶上芦花鸡以横斑羽为基本特征,全身大部分羽毛呈黑白相间、宽窄一致的斑纹状。济宁百日鸡、琅琊鸡、沂蒙鸡、烟台糁糠鸡、枣庄孙枝鸡的公鸡以火红、黑红大公鸡为特征,羽毛多为红褐色,主翼羽、尾羽间有黑色翎毛闪绿色光泽,母鸡多为麻羽。

从冠型等性状来分,多数为单冠,冠大直立,冠和肉髯红色。鲁西斗鸡冠呈瘤状,肉髯不明显,与斗性相适应。

3.生长性能

根据第三次全省畜禽遗传资源普查,我省地方鸡种生长性能各异。寿光鸡体大、蛋大;鲁西斗鸡具有较独特的斗鸡体型;济宁百日鸡体型小、开产早;汶上芦花鸡体型较小,产蛋量高。从 20 世纪 90 年代中期开始,引进高产品种满足了城乡居民的肉蛋需求。随着优质肉鸡需求逐渐增加,产区人民在选留时倾向于选留体型大的个体。因此第三次全省畜禽遗传资源普查过程中测定的鸡的体重有所增加,适应市场对优质肉鸡的消费需求。

4.繁殖性能

在现代笼养、全价配合饲料饲养条件下,66 周龄鸡的产蛋量均显著提高,特别是汶上芦花鸡的产蛋量比第二次调查期间提高约 20 个。鲁西斗鸡属于玩赏型品种,体型大,产蛋性能差成为制约其开发利用的瓶颈之一。

5.产品品质

在山东地方鸡蛋品质方面,以寿光鸡平均蛋重最大,可达 58.9 g,济宁百日鸡蛋重最小,仅 41 g 左右,鲁西斗鸡蛋黄比重最大,达 38.3%。在肉品品质方面,汶上芦花鸡肌肉剪切力小,肌内脂肪含量高,肉质更加鲜嫩。

6.特殊种质特性

汶上芦花鸡具有独特的芦花羽,济宁百日鸡具有开产早的特性,鲁西斗鸡有斗性强、蛋黄比重大等特性。

四、鸡遗传资源变化趋势

(一)多样性

鸡的多样性主要表现在 3 个层次,即品种多样性、品种内个体多样性和基因(DNA)水平的多样性。山东有较为丰富的鸡品种资源,除了从国外和省外引进的品种外,地方鸡遗传资源包括烟台糁糠鸡在内的 9 个品种以及 4 个培育配套系。

各品种间在体型外貌、生产性能、抗病抗逆等方面均存在一定差异。如寿光鸡、莱芜黑鸡全身羽毛黑色,汶上芦花鸡羽毛是黑白相间的横斑羽,济宁百日鸡、琅琊鸡、沂蒙鸡则是典型的麻羽鸡的羽毛特征。在体型、体重方面,寿光鸡和鲁西斗鸡体型高大威猛,其他几个地方鸡种则体型、体重较小。

品种内个体间存在较大差异。特别是从第一次山东省畜禽遗传资源调查结果看,品种内个体间遗传多样性极为丰富,在冠型、胫色、体重、产蛋性能等方面个体间差异较大。而从第三次遗传资源普查结果来看,上述性状的多样性均显著降低,如济宁百日鸡群体中已无凤头鸡,而在 1999 年的《山东省畜禽品种志》中记载,凤头鸡占济宁百日鸡的 10%。

(二)遗传特性

各品种的遗传特性变化不大,大部分品种的产蛋量有所提升。

(三)数量

与上一次调查相比,寿光鸡数量减少较多,降幅高达 79.4%。其他品种数量均呈增长态势,增幅最大的是汶上芦花鸡,增长了 10.89 倍。第三次全省畜禽遗传资源普查中不同地方鸡品种存栏量变化如表 1-1-3 所示。

表 1-1-3　　　　　　不同地方鸡品种存栏量变化情况表

调查批次	寿光鸡/万只	济宁百日鸡/万只	汶上芦花鸡/万只	琅琊鸡/万只	沂蒙鸡/万只	鲁西斗鸡/万只	烟台糁糠鸡/万只
第二次	20.1	6.5	3.5	11	—	4	0
第三次	4.14	11	41.6	14.6	6.44	5.1	0.2

第六节 水禽遗传资源状况

山东有地方水禽品种5个,其中有微山麻鸭、文登黑鸭和马踏湖鸭3个地方鸭品种,有豁眼鹅(山东地区又称"五龙鹅")和百子鹅2个地方鹅品种。1979年,仅豁眼鹅(五龙鹅)被列入农业部第一次全国畜禽遗传资源调查范围。2006年,将除马踏湖鸭之外的4个水禽资源列入农业部组织的第二次全国畜禽遗传资源调查范围。2021年,以上5个水禽遗传资源一起被列入第三次全国畜禽遗传资源普查范围,并被《国家畜禽遗传资源品种名录(2021年版)》收录,其中豁眼鹅(五龙鹅)作为国家级保护品种被列入《国家级畜禽遗传资源保护名录》。

一、水禽遗传资源起源与演化

(一)水禽的祖先和地理起源

鸭属于鸟纲,雁形目。野鸭是野生的"凫",又称"水鸭",在世界上的种类有很多,仅我国就有十几种,其中绿头鸭是最常见的大型野鸭。目前被驯养的绿头鸭抗病力非常强,适应性广,与家鸭杂交能够产生后代。我国家鸭的祖先源于绿头鸭,绿头鸭广泛分布于欧亚大陆与北美洲。

鹅属于鸟纲,雁形目,鸭科,雁属,灰雁和鸿雁亚属。家鹅是由野生的鸿雁和灰雁驯化来的。在中国鹅各地方品种中,除伊利鹅外,其他品种都由鸿雁驯化而来。绝大多数欧洲鹅种和我国的伊利鹅由灰雁驯化而来。在外形上,两种起源的家鹅有比较明显的差别,凡源于鸿雁的家鹅,其头部有额突,尤以公鹅(较母鹅)更为发达,颈较细长,呈弓形;体型斜长,腹部大而下垂。而源于欧洲灰雁的家鹅,头部没有额突,头部浑圆而无疣状突起,颈粗短而直,前躯与地面近似平行。由此可确定山东豁眼鹅(五龙鹅)和百子鹅的祖先均为鸿雁。

济宁市微山南四湖、淄博市桓台马踏湖、威海市文登河海沼泽地、烟台市莱阳五龙河流域等地的湖泊、沼泽地和河流面积大,气候适宜,水生动植物源食物充足,农业发达,适合鸟类栖息,为水禽地方品种的起源、驯化、品种形成创造了良好的自然生态条件。

(二)水禽的驯化与演化

达尔文的《物种起源》探讨了从野禽进化到家禽这个问题,认为遗传、变异与选择三种因素的综合作用是生物进化的原因。人类运用智慧和劳动把野禽活捉驯养起来，由于生活环境的改变和驯化选择的作用，逐渐使其成为家禽。而品种的形成是随着自然条件、人类的需要、当时社会经济条件以及科学文化的发展变化而变化的。山东水禽地方品种驯化和品种形成同样遵循上述理论。

对山东章丘焦家遗址出土的大汶口文化中的晚期动物遗存情况进行分析，发现我省畜禽驯养已经有 6000 多年的历史了，山东章丘女郎山汉墓出土的文物中就有陶鸭和陶鹅等（距今 1800 年）。汉代通过丝绸之路同中亚各国开展了经济和文化的广泛交流，提高了汉代饮食文化的丰富性。汉代主食为五谷杂粮、汤饼、蒸饼和馒头等，副食则包括菜、肉、蛋、水果、豆腐等。由此可以推论，东汉时期山东已经开始对家禽进行大规模驯化和饲养，并开始食用。

我国自春秋战国时期就有关于马踏湖鸭的史料记载。《左传》记载，齐国名士颜阖曾隐于青丘（马踏湖）种田、养鸭、捕鱼。十六国时期，南燕末代君主慕容超曾在锦秋湖（马踏湖）畜养鹅鸭，人称"鹅鸭城"。清康熙《新城县志》（1693 年）载："至于地产，惟以细毛山药、青皮鸭蛋自本朝以进贡方物，而名闻四方。"由此可见，马踏湖鸭驯化饲养具有悠久的历史。

1.微山麻鸭

据原产地调查了解，历史上南四湖捕鱼者有从湖中捞取水藻和小鱼虾类喂养鸭子的习惯，并长期对湖鸭进行驯化、提纯和选育。传统渔民在湖上养鸭，人工补喂饲料很少，主要靠鸭觅食湖中水草、杂草、昆虫和潜水捕鱼获取食物。受天然水资源生态环境条件和人为干预影响，逐步形成了善潜水、觅食力强、生性好动、行动敏捷和耐寒性强的麻鸭品种。

2.文登黑鸭

文登黑鸭已有上百年的历史，鸭蛋也成为产区百姓的必备美食之一。产区百姓历来就有在河流、水库或海边滩涂上养鸭的习惯，且十分重视产蛋量和外形特点的汰劣保优，经民间不断提纯复壮，逐渐形成了文登黑鸭体型紧凑、清秀、外貌一致的特征。过去由于交通不方便，外来蛋鸭品种缺乏，文登黑鸭选育提纯成为产地养鸭者的首选品种。后来，人们发现颈部、胸部和翅膀尖部带有白羽的鸭子不仅好看，而且产蛋多、蛋重大，因此成为民间选育提纯的重要抓手。

3.马踏湖鸭

用马踏湖鸭蛋腌制的咸鸭蛋，享有"金丝鸭蛋"的盛誉，其蛋壳多为青色，且青壳鸭蛋蛋皮厚,储存、运输不易破损,湖区群众逐渐养成消费青壳蛋的习惯。因此,当地孵化马踏湖鸭者在选择种蛋时多选颜色较深的青壳鸭蛋,经过几百年选种习惯的延续,目前青壳蛋率稳定在96%以上。另外,当地养殖户在湖上和沟渠水上放牧鸭子时,为了让鸭子爬坡方便,更多地选择体型小、紧凑灵活的个体做种鸭。此外,体型小的鸭子开产早、产蛋多,所以自20世纪80年代以来,湖区养殖户逐渐将体型大、产蛋少的母鸭淘汰,选留了体型小、产蛋多的母鸭,最终形成了现在的马踏湖鸭"体型小、开产早、产蛋率和青壳蛋率高"的优良种质特性。

4.豁眼鹅(五龙鹅)

山东莱阳地区已有400多年的养鹅历史,《莱阳县志》中就有"其水禽,观似鹤,而顶不丹头赤,曰雁、曰鸧"的描述。因豁眼鹅集中产区地处五龙河流域,在1978年山东省家禽地方良种选育座谈会上,该鹅种被命名为五龙鹅。传统民间养鹅人工补喂饲料很少,主要靠河边或湿地等放牧为生,鹅寻觅河中水草、杂草、树叶、野菜和昆虫等作为食物。鹅为了满足自身食物量需求,每日沿河走路活动多,体型小、紧凑灵活的个体占有优势,便逐步驯化形成了产蛋量高、觅食力强、生性好动、行动敏捷、耐粗饲和耐寒性强的特性。

5.百子鹅

据1978年《山东省地方家禽品种资源调查汇编》记载:百子鹅是在100多年前由闯关东返乡百姓从东北华甸县带回的"籽鹅"繁育形成的。由于该鹅产蛋量最多能够达到100枚,所以当地百姓以此命名为"百子鹅"。该鹅原产地麻河、南河两地人工孵化禽雏历史悠久,南河旧港孵坊有百余年历史,麻河东岗咀孵坊孵化雏鸭已有约300年历史。据康熙五十一年(1712年)《县志图记微实》记载:"鹅,一曰家雁,又曰舒雁。形似雁,不能飞,头顶似鹤,而颈项较短,绿眼黄喙红掌善斗,夜鸣,应更见生人则鸣,能逐盗、伏卵。"以上记载的鹅的外貌与百子鹅大体相似,表明鹅的饲养已成为原产地人们生活的重要组成部分。

二、水禽遗传资源现状

与第二次畜禽遗传资源调查结果相比,本次山东水禽遗传资源品种数量稳中有增。山东现存水禽遗传资源品种5个,其中包括3个鸭品种(微山麻鸭、文登黑鸭、马踏湖鸭)和2个鹅品种(豁眼鹅、百子鹅),而马踏湖鸭(2015年鉴定)为本次普查新增品种。

山东现存的5个水禽遗传资源的保护状况存在差异。马踏湖鸭为蛋用型,年产蛋量可达 280 枚以上,性能比较突出,饲养量约 200 万只,保护状况较好;微山麻鸭为蛋肉兼用型,年产蛋量 200 枚左右,饲养量约 3 万只;文登黑鸭为蛋用型,年产蛋 225 枚左右,饲养数量约 3000 只;豁眼鹅(五龙鹅)为小体型鹅,产蛋性能突出,年产蛋可达 100 枚以上,年饲养量约 100 万只,保种状况较好;百子鹅为小体型鹅,产蛋性能突出,年产蛋可达 90 枚以上,年饲养量约 10 万只,保种状况较好。

三、水禽遗传资源分布及特征特性

(一)水禽遗传资源分布

1.微山麻鸭

微山麻鸭(见图 1-1-42)原产地为山东省南四湖的微山湖、南阳湖、独山湖、昭阳湖等流域,主产区为济宁市的微山、鱼台和任城的沿湖地带,分布于金乡、邹城、滕州的沿湖乡镇,毗邻的枣庄市薛城和台儿庄也有分布。

图 1-1-42 微山麻鸭

2.文登黑鸭

文登黑鸭(见图 1-1-43)原产地为威海市文登的小观、泽头、宋村等沿海乡镇,主产区为小观、泽头、宋村、泽库、高村等乡镇,分布于文登及相邻的乳山、荣成、环翠及烟台市牟平、海阳等地区。

图 1-1-43 文登黑鸭

3.马踏湖鸭

马踏湖鸭(见图1-1-44)原产于山东省淄博市桓台北部马踏湖湖区的起凤镇、荆家镇及其周边乡镇。目前,济宁市微山、德州市禹城和临邑等地均有分布。青年鸭销往河北、湖北、河南、安徽、陕西、天津、北京、辽宁等20余省份。

图1-1-44　马踏湖鸭

4.豁眼鹅(五龙鹅)

豁眼鹅(五龙鹅)(见图1-1-45)原产地为山东省烟台市的莱阳地区,主产区为山东省烟台市莱阳、海阳,威海市乳山,以及青岛市即墨、莱西。据莱阳县志记载,300多年前山东人闯关东时曾经将该鹅带到东北饲养,所以辽宁省昌图、开原、西丰、铁岭、阜新、朝阳等地也有少量分布。目前,由于肉鹅配套系母本需要,其他省份也大量引进饲养。

图1-1-45　豁眼鹅(五龙鹅)

5.百子鹅

由于该鹅(见图 1-1-46)主产于山东省金乡东部和鱼台西部一带,又称"金乡百子鹅"。金乡百子鹅原产于山东省金乡境内,现分布于山东省济宁市金乡、微山、嘉祥、鱼台等地。

图 1-1-46 百子鹅

(二)水禽遗传资源特征特性

1.体型外貌

山东水禽地方品种的皮肤颜色均为白色,鸭喙豆颜色均为黑色。鸭羽色包括麻羽和黑羽两种,马踏湖鸭以褐麻羽为主,微山麻鸭以红麻羽和青麻羽为主,而文登黑鸭以黑羽为主。公鸭头颈部均为翠绿色或孔雀绿色,属公鸭特有的伴性特征。从体型看,3 个鸭品种以微山麻鸭体型最大,马踏湖鸭和文登黑鸭体型较小。鹅羽色有灰羽和白羽两种羽色,2 个鹅品种的额前具有一块凸起,称为"额突",成年公鹅的额突大而显著,母鹅的额突一般要小于同品种公鹅。豁眼鹅(五龙鹅)的典型外貌特征是多数个体有"豁眼"特征,即上眼睑边缘的后上部断开一个缺口,下眼睑完整无缺,使其眼部呈三角形,群体豁眼比例约为 92%。

2.生长性能

第三次全省畜禽遗传资源普查结果显示,山东水禽品种生长发育速度较慢,生长发育期料重比较高。马踏湖鸭和文登黑鸭属蛋用品种,体型较小,生长速度偏慢,而微山麻鸭属肉蛋兼用品种,生长速度相对较快。豁眼鹅(五龙鹅)和百子鹅均属于小体型鹅品种,与国内其他地方品种相比,生长发育速度较慢。

3.屠宰性能

根据第三次全省畜禽遗传资源普查结果,与培育品种相比,我省水禽品种在屠宰性能方面存在较大差距,且各品种内个体也存在较大差异。

4.繁殖性能

根据第三次全省畜禽遗传资源普查结果,山东水禽品种繁殖性能均较为突出,无就巢性。其中,3个鸭品种开产日龄为 130～150 日龄,受精率和孵化率均在 90％～95％。所产鸭蛋主要为青壳,其中马踏湖鸭青壳率最高,在 96％以上。豁眼鹅(五龙鹅)和百子鹅开产日龄为 200～240 日龄,年产蛋量 80～110 枚,受精率和孵化率均在90％左右。

5.产品品质

山东鸭遗传资源品质性能优秀,青壳率高,蛋型和蛋重适中,蛋壳强度大,蛋黄颜色和风味优,适合于加工咸鸭蛋、松花蛋等风味食品。微山麻鸭还具有肉质细嫩、鲜美的特点,适合加工扒鸭、烤鸭等。豁眼鹅(五龙鹅)和百子鹅产蛋性能突出,配合力好,适合做肉鹅配套生产的母本;另外,其蛋品质优良,蛋壳强度大,没有腥味。

6.特殊种质特性

马踏湖鸭年产蛋量高,青壳率 96％以上,与国内其他品种鸭蛋相比具有明显优势。微山麻鸭蛋重大,出壳雏鸭为深黄羽,成年变为麻羽。文登黑鸭具有“白嗉”和“白翅尖”特征。豁眼鹅(五龙鹅)年产蛋量高,且眼睛上眼睑多有“豁口”。上述特殊种质特性,为水禽地方遗传资源的开发利用提供了重要生物信息。

7.其他特性

(1)不同物种和品种适应的自然条件状况

饲养效果表明,马踏湖鸭不管是在原产地饲养,还是在东北寒冷地区饲养,无论是池塘或稻田有水饲养,还是旱地圈养或笼养都表现出良好的适应性。豁眼鹅(五龙鹅)和百子鹅不管是在原产地饲养还是在全国各地区饲养也都表现出良好的适应性。

(2)对非疾病性刺激的适应

与其他品种比较,我省 5 个地方品种均表现出耐粗饲和抗应激能力强的特点。

(3)抗病性和耐受性

我省 5 个地方品种均表现出良好的抗病能力,马踏湖鸭和文登黑鸭在海边饲养,表现出较强的耐盐能力,适合在海边放牧饲养,生产海鸭蛋。

四、水禽遗传资源变化趋势

（一）多样性

有研究表明，马踏湖鸭的遗传观测杂合度为 0.828，平均多态信息含量为 0.692，说明马踏湖鸭遗传多样性较为丰富。另外，2019 年青岛农业大学从同批出雏的马踏湖鸭雏鸭群体中发现了白羽个体，并进行了闭锁繁育。微山麻鸭的遗传观测杂合度为 0.606，平均多态信息含量为 0.521，说明微山麻鸭遗传多样性较高，被选择的潜力较大。1987 年 7 月文登县农牧部门从同批出雏的文登黑鸭群体中发现白羽文登黑鸭（简称"文登白鸭"），后经横交获得白羽隐性结合一世代群体 53 只；2023 年青岛农业大学从同批出雏的文登黑鸭和微山麻鸭雏鸭群体中也发现了白羽个体，并进行了闭锁繁育。

百子鹅、豁眼鹅（五龙鹅）的遗传观测杂合度分别为 0.607 与 0.529，平均多态信息含量分别为 0.403 与 0.481，说明百子鹅和豁眼鹅（五龙鹅）群体为中度多态，遗传多样性水平较高。

（二）遗传特性

微山麻鸭、马踏湖鸭经过多年选育，青壳蛋比例增高，其中微山麻鸭青壳蛋率 70％左右；马踏湖鸭素以"金丝鸭蛋"闻名，经过数百年的民间选择，青壳蛋率稳定在 96％以上。此外，其繁殖性能都有不同程度的提高，这与其选育有很大关系。从当前保种与推广情况来看，豁眼鹅（五龙鹅）以白羽为主，灰羽较少。百子鹅以白羽为主，灰羽占比逐年增加。

（三）数量

从 3 个地方鸭品种数量变化上可以看出，近年来，马踏湖鸭的饲养数量较多；微山麻鸭在济宁市政策支持下饲养数量逐渐增多；文登黑鸭仅有一个保种场，饲养数量少，处于濒危边缘。豁眼鹅（五龙鹅）开发与推广力度较大，保种企业及青岛农业大学、聊城大学围绕抗逆、快长、高繁性状开展新品系或配套系的选育，不断提高其种用价值（见图 1-1-47 至图 1-1-51）。

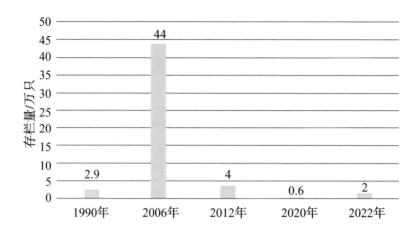

图 1-1-47 马踏湖鸭存栏量变化情况

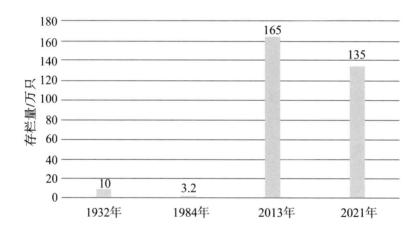

图 1-1-48 微山麻鸭存栏量变化情况

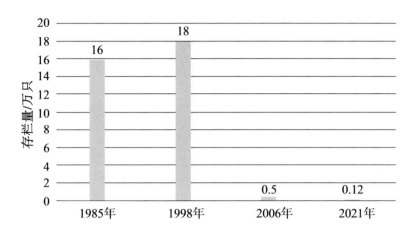

图 1-1-49　文登黑鸭存栏量变化情况

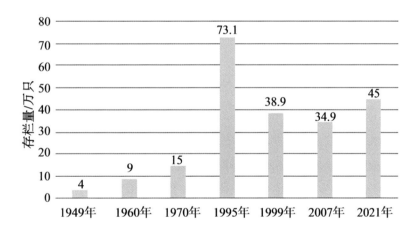

图 1-1-50　豁眼鹅（五龙鹅）存栏量变化情况

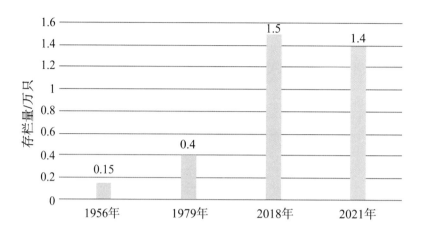

图 1-1-51　百子鹅存栏量变化情况

第七节　毛皮动物遗传资源状况

山东省养兔历史悠久。史料表明,自先秦到近代,家兔的驯化和养殖从未间断,但家兔饲养一直未能发展成养殖产业。从近代到改革开放前,山东养殖的主要家兔品种是中国白兔,俗称"菜兔",属于饲养历史悠久的地方品种,作为肉用以改善生活,一般作为家庭副业少量养殖,不被社会重视。改革开放后,因出口贸易带动和国外优良品种引进,养兔产业开始兴起。与此同时,中国白兔因生产性能低被杂交淘汰,到20世纪末已在生产中灭绝。自1975年起,山东先后引进多个国外及省外兔品种,对推动全省兔业生产发挥了重要作用。

山东黑褐色标准水貂是20世纪七八十年代末山东培育的水貂新品种,曾是山东省水貂饲养的主要品种。进入21世纪以来,随着市场对短毛水貂皮需求的增加,利用引进的短毛品种水貂持续不断地杂交改良山东黑褐色标准水貂,致使山东黑褐色标准水貂资源急剧减少。

一、毛皮动物遗传资源起源与演化、驯化

(一)兔

现代家兔源于野生穴兔,经人类长期驯养选择驯化而来。关于中国家兔的来源,

目前学术界存在两种不同的观点：其一观点认为，中国在明代以前虽尝试进行过野兔驯化，但最终并未完成，目前国内的家兔最初是在明代从欧洲引进的；另一观点认为，中国早在汉代就已在小范围内将本地野兔驯化为家兔。

山东是中华文明的主要发祥地之一，也是农耕文化和畜牧养殖的发源地之一，在原始社会末期的大汶口文化遗址、龙山文化遗址中出土了大量猪、狗、牛、鸡、兔等骨骼，说明 4000 多年前，山东地区家畜饲养已比较发达。

图 1-1-52 中的"兔"字骨刻文来自 4000～4500 年前的龙山文化时期，它是中国最早期的图画象形文字，是我国最早的对兔的文字记录证据。济南市章丘洛庄汉王陵出土了大量兔骨骼，34 号坑出土了 100 多具动物骨骼，其中仅兔骨骼就有 43 具，占比最大，还出土了两个兔笼，说明山东在 2200 年前的西汉时期就已开始养兔，并取得一定成效。约在 1500 年前，《孙子算经》中就有鸡兔同笼的数学名题记载，并延续至今。中国地方家兔存在品种独有的单倍型，与欧洲穴兔群体没有共享单倍型，说明中国地方家兔的母系可能起源于其他亚种。根据现有资料，养殖兔的主要品种均来自欧洲，而欧洲穴兔驯化成家兔始于 6～10 世纪的法国修道院，第一次在家养条件下繁殖成功的报道出现在 16 世纪，后传至世界各地，形成适应不同区域的地方品种，并在此基础上培育出肉用、毛用、皮用、实验用、观赏用、兼用等不同用途的专门化品种和配套系。

图 1-1-52 山东昌乐袁家庄山出土的骨刻文"兔"字

（二）貂

山东省水貂饲养业与我国水貂饲养业在 1956 年从苏联引入标准水貂，并在济宁微山湖及烟台建立养貂场，开创了山东省水貂养殖的先河。20 世纪 70 年代开始，山东省水貂产业得到快速发展,饲养量迅速增加,饲养的品种主要为苏联型水貂。山东先后从英国及北欧各国引入部分优良种貂,改良苏联型水貂,培育形成绒品质优良、体型大、繁殖力高的山东黑褐色标准水貂。

二、毛皮动物遗传资源现状

多年来,山东注重开展新资源挖掘及品种培育工作,2020年挖掘出山东地区唯一一个兔遗传资源——莱芜黑兔,并通过国家畜禽遗传资源委员会鉴定。莱芜黑兔是我国8个地方兔中唯一分布在长江以北的兔遗传资源。此外,2010年山东培育的康大1号、康大2号、康大3号兔配套系,通过国家遗传资源委员会审定,是我国最早自主育成的肉兔配套系,这些都为我省兔产业发展发挥了重要作用。

山东黑褐色标准水貂是国家畜禽遗传资源委员会2021年公布的《国家畜禽遗传资源品种名录》中的6个培育水貂品种之一,曾是山东省及周边地区饲养的主要品种,存栏量在20世纪80年代曾一度达到300余万只。随着国外短、平、齐被毛水貂品种的出现以及市场对水貂皮需求的改变,山东黑褐色标准水貂存栏量逐年下降。

三、毛皮动物遗传资源分布及体征特性

(一)遗传资源分布

莱芜黑兔(见图1-1-53)是山东省唯一的地方兔遗传资源,其主产区为济南市莱芜、钢城,主要分布在莱芜与钢城所辖乡镇,青岛、淄博、泰安、滨州等地也有饲养。

图 1-1-53 莱芜黑兔

康大1号、康大2号、康大3号系列肉兔育种群及其曾祖代均饲养于青岛市黄岛的青岛康大兔业发展有限公司。3个培育品种在省内多市及省外均有饲养。

山东黑褐色标准水貂是山东省自主培育的唯一的毛皮动物遗传资源,2021年山东省仅存栏232只,集中饲养于日照市莒县桑园镇。

(二)遗传资源体征特性

此处仅列出莱芜黑兔、山东黑褐色标准水貂。

1.体型外貌

(1)兔

莱芜黑兔为肉用型兔,体型中等,头圆额宽,耳朵中等稍厚、长直,前躯宽阔,腰部肌肉发达,后躯丰满,四肢强健,被毛浓密,冬季有密生绒毛。毛色有三种,全身黑色居多数,黑色个体约占群体的 95%,青灰色个体约占群体的 3%,土黄色个体约占群体的 2%。

(2)水貂

山东黑褐色标准水貂的突出特点是全身被毛呈黑褐色,个别个体下颌有白斑,绒毛稍淡,褐色带有棕色,鼻镜黑褐色有纵沟。公貂体躯粗犷而方正;母貂体小、较纤秀,略呈三角形。

2.生长性能

(1)兔

莱芜黑兔仔兔出生平均体重 56.4 g;5 月龄成年公兔平均体重 3655.2 g、母兔平均体重 3417.6 g。

(2)水貂

9 月龄成年公貂体重 1850.3 g,体长 44.7 cm;母貂体重 999.5 g,体长 36.7 cm。

3.繁殖性能

(1)兔

莱芜黑兔公兔性成熟期 4～4.5 月龄,母兔 3.5～4 月龄;公兔初配年龄为 5～6 月龄,母兔初配年龄为 4.5～5 月龄。母兔年产 5～6 窝。在传统繁殖模式下,公兔、母兔繁殖年限为 2～3 年。

(2)水貂

公貂 7～8 月龄、母貂 8～9 月龄达性成熟,分别在性成熟后 1 个月为适配月龄。公貂利用率 92% 左右,母貂受胎率 92.11%,窝产仔平均数 6.87 只,断奶分窝时胎平均成活数 5.3 只。

4.产品品质

(1)兔

80 日龄,莱芜黑兔半净膛平均屠宰率 52.24%,全净膛平均屠宰率 49.06%。

（2）水貂

全身毛色基本呈黑褐色,背腹毛色趋于一致,光泽度较强;针、绒毛分布均匀一致,针毛稍粗而平齐,绒毛丰厚灵活,底绒褐色带有棕色。公貂与母貂毛绒性状指标分别为:针毛长 23.13～24.09 cm、20.48～20.94 cm,针毛细度 53.6～54.9 μm、52.8～54 μm;绒毛长 15.49～15.69 cm、13.33～13.55 cm,绒毛细度 14～14.5 μm、14.2～14.9 μm;被毛密度(19941±59)根/cm²、(19278±91)根/cm²。

山东省沿海地区饲养的该品种水貂于 11 月末或 12 月初即可取皮,公貂与母貂的鲜皮长分别为 67～76 cm、54～67 cm,甲级皮率在 85% 左右。

5.特殊种质特性

莱芜黑兔具有个体大、生长快、繁殖率高、肉质鲜美、抗病力强等种质特性,有较高的优质肉兔开发利用价值。

6.其他特性

莱芜黑兔经过当地长期的自然选择和人工选择,形成了较强的抗病性和免疫力,对因饲料、温度、湿度、光照等因素变化造成的应激耐受性较好,优于引进品种。

四、毛皮动物遗传资源变化趋势

（一）兔

1.多样性

山东省家兔品种资源相对丰富,拥有北方唯一的地方兔遗传资源——莱芜黑兔,自主培育了康大 1 号、康大 2 号、康大 3 号肉兔配套系,先后引进了德系长毛兔、伊拉肉兔、法系獭兔等国外优秀品种,近年来通过收集、保护,选育了大批肉兔、毛兔、獭兔种质资源,为种业创新奠定了良好基础。

随着养兔生产方式向专业化、规模化、集约化、区域化发展,兔农数量急剧减少,养殖的品种结构也在发生重大改变,其趋势是以肉兔配套系为代表的高效专门化品种显著增加,传统的标准品种占比逐步下降,家兔遗传资源生物多样性不断减少。

2.遗传特性

总体上,家兔受市场影响生产波动较大,品种结构和数量随之变化,对家兔遗传特性研究不足,家兔的遗传资源一直在消长变化中。

3.数量

目前,莱芜黑兔遗传资源普查登记群体 10260 只,能繁母兔 1179 只,种公兔 300

只,基本保持地方养殖特色和群体稳定。康大1号、康大2号、康大3号肉兔配套系育种群相对保持稳定,扩繁群和生产群在逐步增加。

(二)水貂

1.遗传特性

山东黑褐色标准水貂能适应山东省及其周边地区以海杂鱼和畜禽副产品为主的饲料条件及气候环境,具有耐粗饲、饲料利用率高、生长发育快、繁殖力高、抗病力强、发病率低和生活力强等优点,是改良和培育新品种的良好素材。

2.数量

该品种培育成功之初,山东种貂曾一度达到103万只,貂皮产量达到350万张,占全国产量的50%。随着国外短、平、齐被毛水貂品种的大量引进,山东黑褐色标准水貂存栏量逐年下降,2009年年末存栏量约70万只,至2021年年末存栏量仅232只。

第二章　畜禽遗传资源作用与价值

第一节　畜禽遗传资源对经济的作用与价值

畜禽遗传资源对国民经济发展具有重要作用,据不完全统计,畜禽遗传资源的养殖、运输、加工、销售等环节直接或间接涉及国民经济行业分类中的 14 个门类、33 个大类、88 个中类和 117 个小类。畜牧业所有的肉、蛋、奶等畜产品及其皮、骨、羽毛、内脏、角(茸)等副产品均为遗传资源价值的具体体现,它影响着广大人民群众的吃、穿、住、行、游、购、娱,是三大产业融合发展的重要组成与物质基础。

畜禽遗传资源分为地方品种、引入品种与培育品种,构成了畜牧业产值的基础。山东畜牧业按照年总产值 3000 亿元计算,畜禽遗传资源的产值在 300 亿元以上,带动第二、第三产业各门类总产值约千亿元,经济价值巨大。

物价指数(CPI)是衡量市场上物价整体水平变化情况的指数,也是衡量经济是处于通货膨胀还是通货紧缩的一个重要指标。在我国,构成物价指数的固定商品包括食品、服装、通信、医疗保健和文化用品等,其中食品占比达 34%,食品权重占比中猪肉占比达 10%。此外,发展畜牧养殖业也是我国实现"三农三增"的主要渠道,可见其在国民经济发展中的作用与价值之大。

第二节　畜禽遗传资源对社会的作用与价值

社会是生物与环境形成的关系总和,人类自从出现,就与动物(包括畜禽)相伴而生,尤其是野生哺乳类和鸟类等动物被驯化成畜禽后,对人类社会更是产生了不可估量的作用。据考证,人类劳动的产生就是从驯化野生动物开始的,畜禽产生后让人类有了足够的食物,促进了人口的增长,也为商品、贸易、文化及国家的产生奠定了物质基础。从某种意义上说,畜禽遗传资源极大地推动了人类社会的发展。

在当今社会,畜禽仍是人类重要的食物来源。在发达国家,肉、蛋、奶等畜产品是主要食物来源,而在我国,畜产品则是优质蛋白质的主要来源之一,是提高人民生活水平与幸福指数的"主力军"。党的十九大以来,在国家"脱贫攻坚"战略行动中,畜禽遗传资源在帮助贫困人口脱贫摘帽方面也起到了重要作用。

从古至今,畜禽遗传资源对文字、语言、文化、习俗、贸易、宗教、军事、医药及社会生产发展也具有重大意义。比如德州驴是世界优良大型驴品种之一,其皮是制作精品阿胶、九朝贡胶的上乘原料。近年来,企业围绕以驴肉、驴奶深加工,保健品及中药制剂生产等为主体,以文化旅游为辅助,打造三产融合的沿黄驴产业集群,使得东阿阿胶、福牌阿胶、中棣牌驴肉、广饶肴驴肉等享誉华夏。目前,阿胶生产企业已达203家,驴肉生产及餐饮企业有1000余家,为山东乃至全国乡村振兴、精准扶贫战略的实施作出了重要贡献。

第三节　畜禽遗传资源对文化的作用与价值

畜禽遗传资源对文化形成有着不可忽视的作用。畜禽遗传资源首先推动了文字的形成,比如牛、羊、猪、兔等单体文字,均源于家畜的象形文字,且牛骨也曾作为甲骨文记录与传播的重要载体。在几千年社会发展中,中华大地还形成了与畜禽遗传资源有关的农耕文化、祭祀文化、饮食文化、宗教文化、民俗文化、语言文化、制度文化、学术思想、文学艺术及科学文化等。

位于黄河流域的山东是儒家思想的发源地,也是农耕文化的特质形成地之一。

畜禽遗传资源为文化的产生提供了物质基础，文化也对畜禽遗传资源产生了一定的影响。鲁西牛是山东地区农耕时代的主要"劳动力"，在农业机械化大发展之前，对农业发展起到了不可替代的作用。小尾寒羊斗性强，推动菏泽、济宁地区形成了民间传统节日——"斗羊节"。

在位于山东西南部的郓城、梁山一带，自古以来就流行着一项传统、具有鲜明地方特色的民间娱乐活动——斗羊。据《北史》记载："正月，乡人买雄羊，各赴场，相角决胜负，至群殴，不能禁，围观者千数。"山东郓城一带至今还保留着一年举行三次大型斗羊活动的传统，分别在农历二月初二、九月初七和腊月初七。斗羊时观众自动聚集，动辄上千人。围观者身临其境，精神抖擞，呐喊助威，津津乐道；组织者乐此不疲；参赛者喜出望外。斗羊时，人们十分在乎输赢，俗谓"兄弟斗羊不相让"，表明斗羊是有规则、分胜负的娱乐活动，这与当地民间爱好武术者比武有相似之处。

第四节　畜禽遗传资源对科技的作用与价值

生命科学研究和生物医药产业的迅猛发展对实验动物，尤其是动物模型提出了越来越高的要求。猪在心血管系统、消化系统、皮肤结构、骨骼发育和营养代谢等方面与人极为相似，且猪的体型大小适度、性格温和、易于驯服、饲养成本低廉，因此一直是干细胞研究及医学相关研究的重要动物模型，为人类的医学研究提供了很多帮助。

山东地区的莱芜猪脂肪沉积，特别是肌内脂肪沉积能力特别强，是肥胖科学研究领域宝贵的猪种资源。研究显示，在成功构建莱芜猪肥胖模型的基础上，利用全基因组关联分析（genome-wide association study，GWAS）对莱芜猪与人类在肥胖中到底有多少的相似度进行了研究，并筛选出 5 个相关候选基因（*HIF1AN*、*SMYD3*、*COX10*、*SLMAP*、*GBE1*），为解析肥胖机制提供了重要的科学依据。

第五节　畜禽遗传资源对生态的作用与价值

畜禽遗传资源是凝结着人类劳动的动物资源，所以畜禽遗传资源是生物多样性的重要组成部分,抓好对畜禽遗传资源的保护,就是对生物多样性的保护。地球上的生物主要为动物、植物、微生物,它们作为生物圈的重要组成部分,影响了物质的动态循环。畜禽作为生物圈的重要组成部分,对生态循环具有重要意义。

畜禽粪便是种植业的优质肥料。1959 年 10 月,毛泽东主席发表《关于养猪业发展的一封信》,号召"大养其猪",提出"一头猪就是一个小型有机肥厂"。畜禽粪便经腐熟后成为优质农家肥,具有优化土壤结构、保持土壤肥力、改善农作物生长等作用,是庄稼丰收的基础。此外,牛、羊粪对盐碱地改良还有积极意义。近年来,随着国家对环境保护的重视,畜禽规模化养殖废弃物处理成为环保治理的重点,这也推动了畜禽粪污治理新技术与新模式的产生,提高了生态治理效率。

此外,山东是草食动物养殖大省,鲁西牛、渤海黑牛、德州驴、小尾寒羊、大尾寒羊、济宁青山羊、洼地绵羊、鲁北白山羊、百子鹅等畜禽品种主要分布在黄河流域等平原地带,与玉米、小麦等生产区域高度重合。作物种植每年产生大量的秸秆,民间依靠养殖畜禽可以消耗大量的农作物秸秆,实现秸秆饲草的"过腹还田",最大限度地实现经济、生态和社会效益的有机统一,所以这些畜禽遗传资源有"秸秆转化器""环境净化器"之称。

第六节　畜禽遗传资源对中国和世界的贡献

畜禽遗传资源为新品种培育提供原始育种素材,山东拥有 38 个畜禽遗传资源(含蜂)。多年来,科技人员与畜牧业从业者们以山东的地方畜禽遗传资源为素材,先后培育畜禽新品种(配套系)18 个,约占全国畜禽培育总数的 10%,成为畜牧业"保供给"的重要组成部分。其中中新白羽肉鸭配套系、鲁西黑头羊、鲁中肉羊的生产性能及综合科技水平达国际领先,为中国与世界新品种培育及畜产品生产作出了重大贡献。

德州驴作为大型驴种,对全国驴种改良发挥了积极作用;莱芜猪具有肌内脂肪高的特性,为多个猪品种培育提供了育种素材;小尾寒羊先后推广至全省及其他 20 余个省份,为我国肉产业发展作出了突出贡献;鲁西牛、渤海黑牛具有生产优质高档牛肉的潜质等。

第三章　畜禽遗传资源保护状况

第一节　畜禽遗传资源调查与监测

自中华人民共和国成立以来,我国先后组织了 3 次大规模畜禽遗传资源调(普)查。

一、第一次畜禽遗传资源调查

为了查清我国的畜禽品种资源,国家从 20 世纪 50 年代开始着手畜禽品种资源调查。1976 年年初,畜禽品种资源调查被列为全国重点研究项目,我国启动第一次全国畜禽遗传资源调查。1979 年 4 月,全国畜禽品种资源调查会议在长沙召开。山东省革命委员会农林局积极响应,同步开展了全省畜禽遗传资源调查工作,1981 年形成了《山东省地方畜禽品种志》初稿(未出版)。对全国来说,此次普查历时九载,初步摸清了除西藏以及部分边远地区外的畜禽品种资源家底,编撰出版了《中国家畜家禽品种志》,山东有 22 个畜禽品种被收录。具体情况如表 1-3-1 所示。

表 1-3-1　　　　山东省第一次畜禽遗传资源调查情况表

分类	调查品种	出版物	出版时间/年	品种数量/个
猪	黄淮海黑猪(含莱芜猪)、沂蒙黑猪	《中国猪品种志》	1986	2

分类	调查品种	出版物	出版时间/年	品种数量/个
牛	鲁西黄牛、渤海黑牛	《中国牛品种志》	1988	2
马驴	德州驴、渤海马	《中国马驴品种志》	1987	2
羊	大尾寒羊、小尾寒羊、济宁青山羊、崂山奶山羊	《中国羊品种志》	1986	4
鸡	寿光鸡、汶上芦花鸡、济宁鸡、荣成元宝鸡、烟台穄糠鸡、琅琊鸡	《山东省家禽地方品种资源调查汇编》	1978	6
	寿光鸡、鲁西斗鸡（中国斗鸡的 1 个类型）	《中国家禽品种志》	1989	2
水禽	微山麻鸭、文登黑鸭、豁眼鹅（五龙鹅）、百子鹅	《中国家禽品种志》	1989	4
合　　计				22

二、第二次畜禽遗传资源调查

2006 年，农业部部署、国家家畜遗传资源管理委员会组织实施，开始了我国第二次大规模畜禽遗传资源调查工作，历时 3 年多。此次调查基本摸清了我国当时的畜禽遗传资源状况和三十年来的变化，编纂出版了《中国畜禽遗传资源志》。山东共有 29 个畜禽品种被收录，其中 24 个地方品种、5 个培育品种。

里岔黑猪、烟台黑猪、五莲黑猪和沂蒙黑猪等 4 个地方品种未被收录，直到 2021 年才被《中国畜禽遗传资源（2011～2020）》收录。至此，地方猪数量达到 6 个。

本次调查涉及 1999 年山东省审定的胜利白猪、鲁南薛城长毛兔、鲁东烟系长毛兔、鲁西茌平长毛兔、鲁南泰山长毛兔、鲁南蒙阴长毛兔、鲁东珍珠长毛兔、鲁南泰山肉兔等 8 个品种，未申请国家审定。具体情况如表 1-3-2 所示。

表 1-3-2　　　　　山东省第二次畜禽遗传资源调查情况表

分类	调查品种	品种数量/个
猪	莱芜猪、大蒲莲猪、鲁莱黑猪、鲁烟白猪	4
牛	鲁西牛、渤海黑牛、蒙山牛	3

续表

分类	调查品种	品种数量/个
马驴	德州驴、渤海马	2
羊	大尾寒羊、小尾寒羊、鲁中山地绵羊、洼地绵羊、泗水裘皮羊、沂蒙黑山羊、莱芜黑山羊、济宁青山羊、鲁北白山羊、崂山奶山羊、文登奶山羊	11
鸡	寿光鸡、汶上芦花鸡、济宁百日鸡、琅琊鸡、鲁西斗鸡	5
水禽	微山麻鸭、文登黑鸭、豁眼鹅（五龙鹅）、百子鹅	4
合　计		29

三、第三次畜禽遗传资源普查

2021年3月，农业农村部部署第三次全国畜禽遗传资源普查工作。2021年5月，山东省畜牧兽医局下发通知，成立相关机构，制订实施方案，组织培训，全面启动全省遗传资源普查工作。经过3年多时间，此次普查基本查清了全省畜禽遗传资源状况，具体情况如表1-3-3所示。

山东省畜禽遗传资源保护名录上的地方畜禽品种有38个（含山东小毛驴），本次普查均有发现，但蒙山牛、泗水裘皮羊数量极少，品种存在灭绝风险。我省培育地方品种（配套系）19个，普查发现18个品种，鲁农Ⅰ号猪配套系未发现祖代猪存养。烟台糁糠鸡在济宁地区被发现。普查期间新发现的梁山黑猪、枣庄孙枝鸡、莱芜黑鸡和培育的新品种（配套系）蓝思猪配套系、东禽1号麻鸡配套系均通过国家畜禽遗传资源委员会审定。

表 1-3-3　　　　山东省第三次畜禽遗传资源普查情况表

分类	地方品种	培育品种	品种数量/个
猪	莱芜猪、大蒲莲猪、里岔黑猪、烟台黑猪、五莲黑猪、沂蒙黑猪、枣庄黑盖猪、梁山黑猪	鲁莱黑猪、鲁烟白猪、江泉白猪配套系、蓝思猪配套系	12
牛	鲁西牛、渤海黑牛、蒙山牛	—	3
马驴	德州驴、山东小毛驴	渤海马	3

分类	地方品种	培育品种	品种数量/个
羊	大尾寒羊、小尾寒羊、鲁中山地绵羊、洼地绵羊、泗水裘皮羊、沂蒙黑山羊、牙山黑绒山羊、莱芜黑山羊、济宁青山羊、鲁北白山羊	崂山奶山羊、文登奶山羊、鲁西黑头羊、鲁中肉羊	14
鸡	寿光鸡、汶上芦花鸡、济宁百日鸡、琅琊鸡、鲁西斗鸡、沂蒙鸡、烟台糁糠鸡、枣庄孙枝鸡、莱芜黑鸡	鲁禽1号麻鸡配套系、鲁禽3号麻鸡配套系、益生909小型白羽肉鸡配套系、东禽1号麻鸡配套系	13
水禽	马踏湖鸭、微山麻鸭、文登黑鸭、豁眼鹅(五龙鹅)、百子鹅	中新白羽肉鸭配套系	6
毛皮动物	莱芜黑兔	康大1号肉兔配套系、康大2号肉兔配套系、康大3号肉兔配套系、山东黑褐色标准水貂	5
合计	38	18	56

四、其他专项调查行动

(一)20世纪50年代前期地方良种的重点调查

1951年山东省农林厅赴乳山对垛山猪进行了调查。1955～1957年,国家和省内有关部门先后对垛山猪、沂南二茬猪、昌南猪、崂山猪、莒南猪等进行了调查。通过调查,有关部门掌握了这几个猪种的基本特性,积累了资料,推动了选育与推广工作。

(二)20世纪50年代末期地方良种的集中调查

山东省农业厅组织有关部门连同山东省畜牧兽医学校干训班学员共数十人,对莱芜猪、费县猪、安丘猪、曹州猪等进行了规模较大的调查,基本查清了原有地方猪种的状况与性能,初步提出保存、开发、利用的方向。但受当时的条件所限,此工作只对个别猪种的保存、选育发挥了较大的推动作用。

（三）20 世纪 70 年代中期全省猪种资源调查

山东省农林局在 1972 年组织人员对 7 个地市、13 个县、50 个公社的 165 个生产大队和 19 个国营农牧场进行猪种调查摸底后，又于 1974～1976 年进行了全省猪种资源调查。这次调查共组织了 16000 多人，调查了 119 个县（市、区）、1200 多个公社的 26000 个生产大队和几百处地、县、社、队的农、林、牧场，对 30 多万头种猪和肥猪进行了调查、测量和鉴定。

（四）1998 年山东省畜禽品种调查

1998 年 3 月，山东省畜牧局安排部署了全省范围内的畜禽品种调查，同时成立《山东省畜禽品种志》编写委员会，历时近两年，调查了莱芜猪、大蒲莲猪、里岔黑猪、烟台黑猪、五莲黑猪、沂蒙黑猪、鲁西牛、渤海黑牛、蒙山牛、德州驴、大尾寒羊、小尾寒羊、山地绵羊、洼地绵羊、沂蒙黑山羊、济宁青山羊、鲁北白山羊、寿光鸡、汶上芦花鸡、济宁百日鸡、琅琊鸡、烟台穆糠鸡、鲁西斗鸡、微山麻鸭、文登黑鸭、烟台五龙鹅（豁眼鹅）、百子鹅等地方品种 27 个，昌潍白猪、渤海马、崂山奶山羊等培育品种 3 个，并被 1999 年出版的《山东省畜禽品种志》收录。

第二节　畜禽遗传资源鉴定与评估

畜禽遗传资源是畜禽种业的核心与基础，加强畜禽遗传资源的鉴定与评估，对畜禽遗传资源的保护与利用有着积极的现实意义。

一、畜禽遗传资源鉴定

（一）品种鉴定的历史演变

畜禽遗传资源鉴定经历了传统鉴定、分子鉴定两个阶段。传统鉴定主要通过体重、体尺、毛（羽）色、角型等外观性状来进行区分，但是饲养环境、自然突变等因素导致的性状差异会对鉴定结果产生干扰，无法实现精准鉴定。分子鉴定技术是随着分子生物学技术发展而产生的一种比较新的品种鉴定技术，其在畜禽遗传资源精准鉴定领域逐步得到推广应用，为快速、准确地鉴定畜禽遗传资源提供了可靠的手段，也为开展用分子标记进行抗性和品质育种工作奠定了一定基础。

（二）重要经济性状评价

重要经济性状的评价主要包括两个方面：一是通过系统测定与比较，分析不同遗传资源在重要性状间的差异；二是对重要经济性状的遗传机制或关键基因进行挖掘。山东地区先后建立了猪、牛、羊的生产性能测定站，主要开展经济性状的性能测定。各高等院校和科研院所利用现代生物信息技术，围绕畜禽遗传资源对影响繁殖、生长、肉质、蛋品质等优良性状的关键基因进行挖掘与标记，开展并逐步完善畜禽遗传资源 DNA 特征库及表型库的建设，取得了积极的成效。

二、濒危状况评估

根据第三次畜禽遗传资源面上普查结果（2021 年年底普查实际数），以《家畜遗传资源濒危等级评定》（NY/T 2995—2016）和《家禽畜禽遗传资源濒危等级评定》（NY/T 2996—2016）为依据，山东对全省 38 个地方畜禽品种进行濒危等级评定，具体评定情况如下：

①处于濒临灭绝状态：蒙山牛、泗水裘皮羊、山东小毛驴。

②处于危险状态：大蒲莲猪、五莲黑猪、沂蒙黑猪、枣庄黑盖猪、烟台糁糠鸡。

③处于较低危险状态：渤海黑牛、大尾寒羊。

④处于安全状态：其他品种。

三、特性与价值的评估

山东畜禽遗传资源较为丰富，且遗传资源各具特色，具体特性及价值分述如下。

（一）猪

莱芜猪肌内脂肪含量较高，具有明显"雪花肉"特点；里岔黑猪体躯长，肋骨数多，瘦肉率较高；大蒲莲猪体躯较大，产仔数高，适合生产优质肉品，也可作为新品种培育素材。

（二）牛、马、驴

鲁西牛、渤海黑牛都具有生产高档"雪花"牛肉的潜质，且牛肉风味独特，适合生产高档优质牛肉；渤海马具有体型大、挽力大、步伐轻快等特点，适合役用；德州驴体型大，产肉、产皮多，是生产阿胶的最佳品种。

（三）羊

地方羊品种普遍具有性成熟早、肉质好、耐粗饲、抗逆性和抗病力强等优点，小尾寒羊、洼地绵羊、鲁北白山羊、济宁青山羊等品种具有高繁多胎的优良特性,崂山奶山羊和文登奶山羊则以遗传性稳定、产奶量高、繁殖力高等特性而闻名全国。上述品种适合开展规模化饲养及优质畜产品生产,也可作为新品种育种素材。

(四)鸡

山东地方鸡品种普遍具有耐粗饲、适应性广、抗病力强、肉蛋品质好等优良种质特性,济宁百日鸡开产早、寿光鸡和鲁西斗鸡体型大、芦花鸡芦花羽色等特性非常突出,是优良的育种素材,但也普遍存在生长缓慢、产肉量低和产蛋数少的缺点。山东地方鸡品种适合发展优质特色畜牧产业,开发高端肉蛋产品,同时,也适合培育新的品种(品系)和配套系,走产业化开发之路。

(五)水禽

山东水禽遗传资源具有特殊的优异性能,具有重要的经济价值,如豁眼鹅(五龙鹅)年产蛋量高、马踏湖鸭和微山麻鸭青壳率高、微山麻鸭肉质优良,适合规模化陆地饲养,依靠优质蛋品可获得良好的经济效益。

(六)毛皮动物

莱芜黑兔个体大、生长快、繁殖性能良好,具有生产性能好、肉质优良、抗病抗逆力强等优势,是珍贵的家兔种质资源,适合进行优质肉兔生产和育种,以开发地方特色的优质兔肉产品。山东黑褐色标准水貂繁殖力高、适应性强,可作为培育新品种的良好素材。

第三节　畜禽遗传资源保护状况

一、畜禽遗传资源保护策略

畜禽遗传资源是我国重要农产品供给的战略性资源,是畜牧业原始创新和畜禽种业发展的物质基础。畜禽遗传资源保护要以习近平新时代中国特色社会主义思想为指导,贯彻落实新发展理念,明确畜禽遗传资源保护的基础性、公益性定位,坚持保护优先、高效利用、政府主导、多元参与的原则,创新体制机制,强化责任落实,注重科技支撑与法治保障,构建多层次收集保护体系、多元化开发利用和多渠道政策支持的资源保护新格局。

二、保护品种

截至第三次畜禽遗传资源普查,山东先后经历了 4 次畜禽遗传资源保护名录修订,具体修订情况如表 1-3-4 至表 1-3-7 所示。

表 1-3-4　　　　　　　　1999 年山东省地方畜禽品种保护名录

序号	畜种	品种名称
1	大家畜	鲁西黄牛、渤海黑牛、德州驴
2	猪	莱芜猪、大蒲莲猪、里岔黑猪、五莲黑猪
3	羊	小尾寒羊、济宁青山羊、沂蒙黑山羊、崂山奶山羊、洼地绵羊、大尾寒羊
4	家禽	寿光鸡、济宁百日鸡、鲁西斗鸡、微山麻鸭、五龙鹅

表 1-3-5　　　　　　　　2010 年山东省畜禽遗传资源保护名录

序号	畜种	类型	品种名称
1	猪	地方品种	莱芜猪、大蒲莲猪、里岔黑猪、五莲黑猪、沂蒙黑猪、烟台黑猪
		培育品种	鲁烟白猪、鲁莱黑猪、鲁农 I 号猪配套系、胜利白猪
2	鸡	地方品种	鲁西斗鸡、琅琊鸡、济宁百日鸡、寿光鸡、汶上芦花鸡
		培育品种	鲁禽 1 号麻鸡配套系、鲁禽 3 号麻鸡配套系
3	鸭	地方品种	微山麻鸭、文登黑鸭
4	鹅	地方品种	豁眼鹅(五龙鹅)、百子鹅
5	羊	地方品种	小尾寒羊、文登奶山羊、大尾寒羊、泗水裘皮羊、山地绵羊、济宁青山羊、鲁北白山羊、沂蒙黑山羊、莱芜黑山羊、牙山黑山羊

表 1-3-6　　　　　　　　2010 年山东省畜禽遗传资源保护名录

序号	畜种	品种名称
1	牛	鲁西牛、渤海黑牛、蒙山牛
2	羊	小尾寒羊、大尾寒羊、洼地绵羊、山地绵羊、泗水裘皮羊、济宁青山羊、沂蒙黑山羊、莱芜黑山羊、文登奶山羊、崂山奶山羊、鲁北白山羊、牙山黑山羊

序号	畜种	品种名称
3	猪	莱芜猪、里岔黑猪、大蒲莲猪、烟台黑猪、沂蒙黑猪、五莲黑猪
4	家禽	寿光鸡、汶上芦花鸡、鲁西斗鸡、琅琊鸡、济宁百日鸡、微山麻鸭、文登黑鸭、百子鹅、豁眼鹅（五龙鹅）
5	其他	德州驴、山东小毛驴、渤海马、临清狮猫、山东细犬、中华蜜蜂

表 1-3-7　　　　　　**2021 年山东省畜禽遗传资源保护名录**

序号	畜种	品种名称
1	牛	鲁西黄牛、渤海黑牛、蒙山牛
2	驴	德州驴、山东小毛驴
3	猪	莱芜猪、里岔黑猪、大蒲莲猪、烟台黑猪、沂蒙黑猪、五莲黑猪、枣庄黑盖猪
4	羊	小尾寒羊、大尾寒羊、洼地绵羊、鲁中山地绵羊、泗水裘皮羊、济宁青山羊、沂蒙黑山羊、莱芜黑山羊、鲁北白山羊、牙山黑绒山羊
5	鸡	寿光鸡、汶上芦花鸡、鲁西斗鸡、琅琊鸡、济宁百日鸡、沂蒙鸡
6	鸭	微山麻鸭、文登黑鸭、马踏湖鸭
7	鹅	百子鹅、豁眼鹅（五龙鹅）
8	其他	中华蜜蜂、莱芜黑兔

2000 年,农业部制定《国家级畜禽遗传资源保护名录》,山东地方品种里岔黑猪、渤海黑牛、鲁西牛、小尾寒羊、济宁青山羊、鲁西斗鸡(中国斗鸡)、豁眼鹅(五龙鹅)等 7 个品种被收录。

2006 年 6 月,农业部修订《国家级畜禽遗传资源保护名录》,在 2000 年收录的 7 个品种基础上,又增加了莱芜猪、大蒲莲猪、德州驴、山东细犬、中华蜜蜂。

2014 年 2 月,农业部再次修订《国家级畜禽遗传资源保护名录》,山东地方品种收录情况发生变化,汶上芦花鸡、莱芜黑山羊、牙山黑绒山羊被收录,鲁西斗鸡、山东细犬不再纳入国家级保护品种范围。

三、保护机制

(一)建立国家统筹、分级负责、有机衔接的资源保护机制

自 2006 年《中华人民共和国畜牧法》(以下简称《畜牧法》)实施以来,农业部据此开始建立国家级、省级两级畜禽遗传资源保护机制,首先修订了《国家级畜禽遗传资源保护名录》和《畜禽遗传资源保种场保护区和基因库管理办法》,国家级遗传资源保护品种增加到 159 个;着手建立国家级畜禽遗传资源保护体系,2007 年开展国家级畜禽遗传资源保种场、保护区和基因库的认定,2008 年公布首批国家级保护单位,至今已完成 220 多个国家级场区库的认定,国家级畜禽遗传资源保护体系基本建成。

自 2019 年《国务院办公厅关于加强农业种质资源保护与利用的意见》(国办发〔2019〕56 号)明确提出要建立国家统筹、分级负责、有机衔接的资源保护机制以来,农业农村部加大国家畜禽遗传资源保护补助经费投入力度的同时,与保护单位及其所属县(市、区)级人民政府签订保种协议,明确义务权利,强化省级管理责任,压实市县属地责任与保护单位主体责任。

2018 年以来,山东省围绕全省畜禽遗传资源保护实际,依据相关法律法规及《山东省畜禽遗传资源保护名录》,开展了第一次全省畜禽遗传资源保护单位的认定工作,首批确定 55 个畜禽遗传资源保护单位,初步建立起省级畜禽遗传资源保护体系,所有国家级保种场同时纳入省级保护体系。《国务院办公厅关于加强农业种质资源保护与利用的意见》(国办发〔2019〕56 号)出台后,尤其是第三次畜禽遗传资源普查以来,为与国家保护体系相衔接,山东省制定了《山东省省级畜禽遗传资源保种场保护区和基因库管理办法》、修订了《山东省畜禽遗传资源保护名录》,重新梳理省级畜禽遗传资源保护单位,申请省级财政资源保护补助项目,并与国家保种任务、保护补助资金相衔接,统筹纳入省级监管,确保资源"保得住、保得好"。

(二)保护效果动态监测机制

2012 年以来,山东利用科研类项目开展畜禽遗传资源调查,收集濒危遗传资源及其遗传材料,建立省级畜禽遗传资源基因库、山东省畜禽遗传资源网、山东省畜禽遗传资源信息管理平台,建成"一网一库一平台",定期开展遗传资源信息上报监测;建立"一个省级保护品种、一个省级保种场、一套保种方案、一名省级专家、一支保种队伍"的"五个一"技术服务模式,将专家与市县推广机构技术人员动员起来,在开展遗传资源技术服务的同时,也参与了资源的保护监测,有效实现了资源保护的"动静"

结合,提高了资源监测效果。

(三)其他保护机制与措施等

自 2021 年以来,尤其是省级财政补助资金项目设立以来,为确保省级资金发挥出应有作用,在制定的《山东省省级畜禽遗传资源保种场保护区和基因库管理办法》中,增加了保种效果评估的内容及保护单位退出机制。在 2022 年省级遗传资源保护项目实施效果评估中,对两家评估为不合格的企业予以通报,调减了 2023 年度保种补助资金,并对属地管理部门及保护单位进行了约谈,进一步强化其资源保护意识,以确保所有资源获得有效保护。

此外,青岛市、聊城市设立市级畜禽遗传资源保护单位及市级遗传资源保护补助资金。截至目前,济南、青岛、潍坊、济宁、聊城、枣庄均对畜禽遗传资源保护单位给予资金扶持,全省畜禽遗传资源保护效果显著。

第四章　畜禽遗传资源利用状况

畜禽遗传资源是实现畜牧业可持续发展的重要生物资源。长期以来,国家和山东省在畜禽遗传资源开发利用方面一直遵循开发利用与保护相结合的原则,同时还制定了一系列与此相适应的政策法规,对畜禽遗传资源进行合理保护与利用,以保障畜牧业的稳定发展。

第一节　畜禽遗传资源开发利用现状

畜禽遗传资源是畜牧业发展的基础,畜牧业转型升级必须依赖独有的种质资源及其创新。山东省畜禽遗传资源以猪、羊、驴、鸡等畜种开发利用最好,典型的有:以莱芜猪为代表的高档特色黑猪肉生产、以济宁青山羊为主材的区域羊汤品牌打造、以德州驴驴皮为原料的阿胶制品开发、以汶上芦花鸡为素材的系列产品开发推广等。

一、猪

猪地方品种开发利用以本品种利用、杂交利用、新品种配套系培育为主,其中,莱芜猪、里岔黑猪、沂蒙黑猪、枣庄黑盖猪等品种的开发利用情况较好。地方猪品种大多申请了地理标志,注册了品牌,形成了冷鲜肉销售链条,在省内外大中型城市开设专卖店,销售臻品保健猪肉、极品特色猪肉和精品品牌猪肉冷鲜食品。利用地方猪品种开展与外来瘦肉型猪种的杂交利用,经济效益显著。烟台黑猪和里岔黑猪主打"卖种",仔猪和种猪销往全国多个省份。莱芜黑猪、枣庄黑盖猪等品种还开展深加工,生产香肠、烤肉等熟食制品以及肉丸、肉馅等调理食品和预制菜等系列产品。山东省利用莱芜猪高繁殖力、肉质好的特点，培育了鲁莱黑猪、鲁农Ⅰ号2个新品种（配套系）。

二、牛

山东地方牛品种虽然名声在外，但仍处在保种和本品种开发阶段，目前开发较好的是渤海黑牛。围绕渤海黑牛肉品质好的特点，保种企业除销售鲜牛肉、分割牛肉外，还开发了酱牛肉、风干牛肉、牛肉酱等深加工产品，获得了国家有机产品认证和山东省无公害农产品产地认定，产品畅销全国20多个大中城市。此外，山东超牛农牧等企业利用鲁西牛与和牛杂交生产高档雪花牛肉，定点供应高端餐饮公司，但规模不大。

三、羊

山东省羊遗传资源的开发利用以本品种利用为主，少数品种作为素材培育新品种或杂交利用，许多品种由皮肉兼用、肉绒兼用转向单纯肉用，借助地理标志、老字号、非物质文化遗产等，将地方品种与美食品牌挂钩，促进产业上下游衔接；部分品种处于保种状态，开发利用不足。其中济宁青山羊、沂蒙黑山羊等几个品种围绕地方饮食文化，大力发展羊肉和羊肉汤产业。单县将济宁青山羊与"单县羊肉汤"绑定，将羊肉汤产业列为2021年"县长工程"强力推进，投资建设了2万平方米的青山羊保种育种基地，在羊肉汤产业高端化、标准化、品牌化、产业化发展上打造了新亮点、实现了新突破。沂蒙黑山羊除打响"伏羊节"外，还研发出了"大锅全羊"系列真空包装产品。而小尾寒羊、济宁青山羊、鲁中肉羊等品种主产区注重打好种源牌，成为全国重要的优质羊供种基地。

四、驴

德州驴是我国分布最广、体型最大、选育程度和产业化水平最高的驴品种，生产性能优异，驴皮的阿胶化开发是我国驴产业全产业链中传统、特色、成功的典范，入选全国畜禽遗传资源转化利用十大案例。山东建有全国首个线上驴交易平台，年屠宰10万头以上的屠宰加工企业有2家，有药字号阿胶9家、健字号阿胶20家、食字号阿胶100多家，培育了东阿阿胶、广饶驰中骨驴肉等多个知名品牌；初步形成了以养殖为基础，阿胶、肉品为主导，驴奶、生物制品、骨胶为特色，与驴展示、阿胶文化旅游相融合的产业结构。

五、鸡

山东地方鸡品种开发利用模式多样,典型的有:汶上芦花鸡的本品种利用、鲁西斗鸡的食用方向转型、以琅琊鸡为素材的黄羽肉鸡新品种配套系培育、济宁百日鸡的早产基因研究利用等。汶上芦花鸡、鲁西斗鸡等地方品种在体型外貌和生产性能等方面各具特色,作为慢速型黄羽肉鸡年出栏量约 2 亿只;汶上芦花鸡的烧鸡、卤蛋等系列深加工产品,获得市场高度认可。

六、鸭鹅

山东省鸭鹅遗传资源开发以地方特色蛋产品生产和禽苗销售为主。微山县围绕微山麻鸭,开发出"微山湖"熟鸭蛋、松花蛋、五香扒鸭,已培育出 10 余家禽类加工龙头企业,具有集微山麻鸭保种繁育、精深加工、贸易流通、餐饮文旅、生产服务于一体的产业集聚发展基础。马踏湖鸭因产蛋率和青壳率高,雏鸭远销河北、东三省、湖南等地。豁眼鹅(五龙鹅)和百子鹅主要用作产蛋鹅,鹅蛋和鹅苗市场需求稳定;也被广泛用作肉鹅配套杂交生产的母本,以提高繁殖性能;灰羽型还用作育肥或与其他灰羽品种(马岗鹅或乌鬃鹅)杂交,生产土种商品肉鹅,深受南方市场欢迎。

第二节 畜禽遗传资源开发利用模式

山东省畜禽种质资源丰富,长期以来在各级政府的高度重视和支持下,始终将畜禽遗传资源的保护和利用作为畜牧业发展的基础,有效促进了畜禽种质资源的保护和本品种利用,形成了不同的开发利用模式。

一、本品种利用

地方品种的生产性能与引进品种具有较大差距,缺乏市场竞争力。在地方畜禽品种利用中,发挥地方品种优良种质特性,把资源优势转化为商品优势,走优质肉蛋生产、差异化竞争的路子,满足市场多元化需求。我省地方品种资源特色鲜明,大部分品种都进行了本品种利用,保种企业在品种资源的保存和创新利用过程中取得显著成效,以下为典型介绍。

(一)德州驴

产业包括以饲养繁育为基础的养殖业,以驴奶、驴肉、驴皮等畜产品加工为主要内容的传统加工业,以保健品、美容品、雌性激素制品等生物制品为主的创新型技术密集产业。在驴产业链条中,阿胶、驴肉开发相对稳定、成熟。目前,围绕德州驴开发利用,已经形成了肉用模式、皮用模式、乳用模式、旅游模式和种质开发利用模式 5 种模式。

(二)汶上芦花鸡

积极开展汶上芦花鸡本品种选育,提高群体均匀度和产蛋性能,开展垂直传播疫病净化,培育绿壳蛋鸡并加以利用,建立起汶上芦花鸡产业发展的完整产业链。现已推广到重庆、青海等 20 余个省份,年推广量超过 1000 万只,在脱贫攻坚、乡村振兴中发挥了重要作用。

(三)鲁西斗鸡

在保持鲁西斗鸡斗性的前提下,加强肉用和蛋用性状的选择,研究标准化、规模化配套养殖技术,实现由玩赏鸡向肉用和蛋用方向转变,产生新的经济效益,变成增收的"财富鸡"。目前,每年可向社会提供鲁西斗鸡优质种苗 50 万羽,商品蛋 80 万枚,商品斗鸡 5 万只,经训练的可供观赏娱乐斗鸡达 1 万余只。

(四)豁眼鹅(五龙鹅)

山东豁眼鹅(五龙鹅)产蛋性能好,为满足市场对鹅蛋和肉鹅的需求,可以对豁眼鹅(五龙鹅)产蛋性状进行选育以形成蛋用新品系,对生长速度和饲料转化率进行选育形成快长系,并向养殖场提供良好种源。

二、杂交利用

地方品种一般具有繁殖力高、肉质好的特性,但其生长慢、饲料转化率相对低,所以引入专门化的肉用品种公畜进行杂交,生产优质肉产品,是一种较好的组合。山东省地方品种猪、羊的杂交利用效果较为突出。

(一)猪

山东的地方猪种具有肉质细嫩香醇、耐粗饲、抗逆性强、母性好等优良特性。以山东地方猪种作为母本,引进猪种为父本,配套生产二元或三元杂交商品猪,可显著提高后代生产性能。例如,用杜洛克猪作为父本,枣庄黑盖猪为母本生产的杜黑杂交猪,在保持了优良肉质的同时,背膘厚比枣庄黑盖猪降低了 19.61%,瘦肉率提高了 20.26%,眼肌面积提高了 50.19%,取得了较好的经济效果。

（二）羊

小尾寒羊繁殖力高,国内多地引进小尾寒羊进行杂交以生产羔羊肉,其杂交利用模式有两种:一是大批引入小尾寒羊纯繁扩群作母本,引进国外的肉用品种作父本,杂交生产商品羊,杂交一代肉用性能得到较大提高和改善;二是少量引入小尾寒羊公羊,与当地母羊杂交,以提高当地母羊的繁殖性能,再与国外引入品种杂交生产羔羊肉或肥羔肉。

三、新品种配套系培育

地方畜禽品种存在肉质优良、早熟、繁殖力高、抗逆性强的优点,以及躯体不丰满、肥膘多、瘦肉率低、生长速度慢的缺点。我省畜牧科技工作者在保持地方畜禽遗传资源优质特性的基础上,以猪、羊、鸡为主先后培育了一批适合我国北方农区气候条件和舍饲圈养规模养殖条件的专门化畜禽新品种（配套系）,如鲁莱黑猪、鲁烟白猪、鲁农Ⅰ号、江泉白猪、鲁西黑头羊、鲁禽1号、鲁禽3号、东禽1号等8个品种（配套系）。

四、多元化利用

地方品种资源多样,特征特性丰富,为了满足市场的多元化需求,许多保种企业探索多样化开发利用,收效明显。一是开展本品种纯繁选育及利用,向市场提供高档特色肉、蛋、奶;二是地方品种作为母本,与引进的生长速度快、饲料转化率高的国外品种杂交,生产特色优质肉产品,提高经济效益;三是以地方畜禽遗传资源为育种素材,通过杂交、横交固定,定向培育新品种（配套系）,在适度保持优质、抗逆特性的前提下,提高商品的生长和产肉性能,降低生产成本,满足大众对质优价廉肉产品的市场需求。

（一）莱芜猪

1.本品种利用

通过研发高端休闲食品,完善销售网络体系,打造了"金三黑"等深受市场欢迎的莱芜黑猪产品品牌。2022年,济南、北京等地已有20多家莱芜黑猪肉专卖店和50多家加盟店,年销售额近2000万元。利用莱芜猪猪肉加工的莱芜香肠,是中国名优地理标志产品,形成了"顺香斋""玉顺斋"等老字号品牌。目前,"莱芜黑猪"的品牌价值达46.33亿元,2021年列入"全国名特优新"农产品名录,2022年入选第一批"好品山东"品牌名单。

2.杂交利用

通过选育,以保持莱芜猪繁殖力、肉质性状和抗逆性能为前提,不断提高产肉性能和饲料报酬,使莱芜猪成为一个可供杂交利用的优良母本。2022年,济南市莱芜猪种猪繁育有限公司年出栏黑猪约6000头,其中种猪占40%,商品猪占60%。

3.培育新品种

以莱芜猪和引进的英系、法系大约克夏猪为育种素材,经过10年的杂交建系、持续选育、扩群中试、推广示范,培育成新品种鲁莱黑猪,2006年通过国家审定。新品种具有繁殖力高、适应性强、肉质好等特点,肌内脂肪含量平均为7.26%。

(二)琅琊鸡

1.本品种利用

青岛市的琅琊鸡省级保种场在高校和科研院所的帮助支持下,开展琅琊鸡选育、疾病净化和市场开发,获评省级遗传资源特色开发示范单位,带动100多个琅琊鸡养殖大户发展,年增加社会效益1亿元以上。

2.培育配套系

以琅琊鸡为育种素材,培育了鲁禽1号麻鸡配套系(中速型黄羽肉鸡)、鲁禽3号麻鸡配套系(慢速型黄羽肉鸡)、东禽1号麻鸡配套系(高效节粮黄羽肉鸡)等3个麻鸡配套系。

第三节　畜禽遗传资源利用方向

一、猪

①坚持本品种选育,在保持优质、抗逆等优良特性的前提下,提高其生长速度和产肉性能。

②作为育种素材,以市场需求为导向,加快新品种(配套系)的多样化培育。

③加大优质猪肉产品的开发力度,保用结合,相互促进。

二、牛

①挑选肉质好的个体扩群,提高鲁西牛、渤海黑牛群体的均匀度,衔接养殖企业与高端牛肉消费市场。

②结合分子育种和常规育种进行本品种选育,提高地方牛种生长速度和产肉性能。

③利用现代分子生物学技术,挖掘优质牛肉遗传机理及关键基因,开展与专门化肉牛品种的杂交利用。

④以山东地方牛种为育种素材,以市场需求为导向,培育新品种(系)。

三、羊

①对于存栏量较少的羊地方品种,如大尾寒羊、泗水裘皮羊等,以保护其优异特性和群体多样性为主,建立结构合理、遗传多样性丰富、数量稳定的群体,深度挖掘种质特性,为羊产业的未来市场需求储备特异种质与基因库。

②对存栏量较大的地方品种,在不断提升种质特性的同时,开发肉质鲜美的羊肉产品。

③充分利用我省羊品种繁殖力高、早熟等特点,与专门化肉用品种开展杂交选育,培育体型大、生长速度快、产肉性能好的新品种。

④对于培育品种,建立"品种、品质、品牌"模式,不断加大种羊繁育力度和产品推广,提升养殖效益。

⑤以羊遗传资源为素材,充分利用现代分子生物学手段加快品种改良与群体扩繁。

四、兔

强化地方品种保护与种质资源研究,培育优质高效的专门化品种和配套系。

五、驴

①优化德州驴选育方案和饲料配方,提高生长速度、产肉性能、饲料转化效率,满足市场对驴肉的大量需求。

②结合现代分子育种方法,选育德州驴驴皮高产品系、驴奶高产品系,应对市场的多元化需求。

③做好山东小毛驴的保种工作,在骑乘拉车等旅游方面、小型宠物驴方面发力,以用促保,保用结合。

六、鸡

①针对各品种特点,优化保种方案,确保品种特征特性不丢失,品种内多样性尽量保留。

②建立选育群,开展本品种选育,重点提高群体均匀度和繁殖性能,对生长发育性能适度选育,开展垂直传播疫病净化,提高种质质量。

③利用地方品种的优势开拓市场或作为新品种(配套系)培育的素材。如可利用汶上芦花鸡芦花羽伴性遗传的特点,培育能够自别雌雄的特色蛋鸡或黄羽肉鸡新品种。

④挖掘基因资源,开展重要经济性状、特色优良性状(如肌肉品质性状、早熟性状、抗病性状等)的遗传机制研究,创制培育具有鲜明特色的资源群体。

七、鸭鹅

①以本品种利用为主。发挥马踏湖鸭产蛋量和青壳率高的优势,做大种质推广和蛋产品加工产业。利用微山麻鸭和文登黑鸭蛋重、卵黄大、肉品质好、抗病力强、白皮肤的特点,借助地域品牌优势,生产优质鸭蛋和白条鸭产品。

②适时开展杂交,培育蛋鸭新品种(配套系)。

③利用山东鹅产蛋量高的性状,将其作为肉鹅配套杂交生产的母本,并继续提高鹅产蛋率,巩固提升优质蛋鹅种源基地。

第五章 畜禽遗传资源保护科技创新

中国畜禽遗传资源保护是一项长期性、公益性、社会性的事业。畜禽遗传资源保护的目标是保持被保护群体的遗传结构相对稳定，保持群体遗传稳定和基因频率平衡。畜禽遗传资源保护包括资源普查与动态监测、遗传多样性评估、保护理论方法与策略以及有效利用途径等。随着基因克隆、分子遗传标记、基因编辑、基因图谱、多组学测序等现代生物学技术的不断创新及其在动物遗传育种中的广泛应用，动物遗传资源保护在原来的基础上增加了科技内涵与手段。

第一节 畜禽遗传资源保种理论与方法

一、保种理论

畜禽遗传资源保种理论主要有随机保种和系统保种。目前畜禽遗传资源保种工作主要是根据系统保种理论进行。

（一）随机保种

随机保种理论将品种视为一个整体，目标是保存每一个品种基因库的所有基因，使基因不丢失，长时间维持群体遗传结构的平衡。随机保种理论在最大程度上保存了畜禽品种的所有遗传特征，但有限的群体很难实现保种与选育的可持续发展。

保种原则是以群体有效含量为核心，减缓近交速率，同时避免选择，防止遗传漂变引起的基因丢失。

（二）系统保种

系统保种理论是指依据系统科学的思想，把一定时空内某一畜禽品种所具有的全部基因种类和基因组整体作为保种对象，综合运用一切科技手段，建立和筛选能够最大限度地保存畜禽品种基因库全部基因种类和基因组的优先理论和技术体系。系统保种理论在保种的同时可以实现对品种的选育，但由于无法保存品种全部基因，不可避免地会丢失一些未知性状基因。

系统保种原则是让遗传特性尽可能在表现突出的品种中保存，且保存特性与选育特性之间的遗传相关性尽可能大。

二、保种方法

目前，我国畜禽品种资源保护主要采取活体保存、异位保存、分子标记辅助保存等方式。上述方式互为补充，构成现阶段中国畜禽遗传资源保护工作的主体。

常见的活体保存方法包括家系等量留种随机选配法、家系等量留种轮回交配法、随机留种随机交配法、多父本家系保种法和群体保种法。家系等量留种是活体保种行之有效的方法之一，它避免了同胞、半同胞交配，减少了非有效个体的饲养量，大大降低了保种成本，是我国现行行业标准推荐的方法。

第二节　畜禽遗传资源保护技术与标准规范

畜禽遗传资源保护技术主要包括活体保种、遗传物质超低温冷冻保存和生物工程保种等。其中，遗传物质超低温冷冻保存主要指配子冷冻保存（精液、卵母细胞）和胚胎冷冻保存；生物工程保种主要包括细胞库、DNA 组织样本及基因文库保存，是一种安全、高效的保种策略。

一、活体保种技术

活体保种是指通过建立以群体（品种/家系）为保种对象的保种场、基因库和保护区进行保种。活体保种实现了在利用中动态保护遗传资源；缺点是需要较大的维持成本，且活畜还面临着疫病、自然灾害等风险。目前，山东乃至全国的畜禽遗传资源保护仍以活体保种为主。

活体保种可分为原产地保护和异地保护。原产地保护以保种场为主,异地保护主要通过活体基因库开展。活体基因库可同时异地保护多个地方遗传资源,是原产地保种场保种的有效补充和备份。

活体保种是目前山东省畜禽遗传资源保护实践中最主要的保种形式。活体保种以 2006 年农业部发布的《畜禽遗传资源保种场保护区和基因库管理办法》和 2022 年山东省畜牧兽医局发布的《山东省省级畜禽遗传资源保种场保护区和基因库管理办法》为标准。现行标准有《家畜遗传资源保种场保种技术规范》(NY/T 3456—2019)、《家畜遗传资源保护区保种技术规范》(NY/T 3460—2019)、《家畜资源保护区建设标准》(NY/T 2971—2016)、《鸡遗传资源保种场保种技术规范》(NY/T 1901—2010)。2021 年以来,针对 38 个畜禽地方品种,山东省建设省级畜禽遗传资源保种场 62 个(其中含国家级保种场 15 个)、活体基因库 3 个(山羊活体基因库 1 个、鸡活体基因库 2 个)。大部分保种场区(库)使用家系等量留种随机选配法保种。

二、遗传物质超低温冷冻保存技术

遗传物质超低温冷冻保存技术是通过将生殖细胞(精子、卵子)、受精卵、胚胎、干细胞等遗传物质置于−196 ℃的环境中长期冷冻保存,使其暂时脱离生长状态,停止新陈代谢,需要时再升温恢复遗传物质活力来实现其保种功能的技术。该技术成为活体保种的重要补充形式,尤其对于稀有、濒危品种或者携带优良性状基因的品种,可以实现有效长期保存,避免生物灭绝风险。用这种方法保种,尽管基因频率和基因型频率不可避免地有所变化(主要由抽样引起),但已尽量将这种变化降到最低限度。

牛精液、胚胎冷冻保存技术已形成一整套规范化的工艺流程,并制定和实施了牛冷冻精液生产使用的国家标准。猪的精液和胚胎冷冻保存与牛、马等家畜相比一直存在技术差距。体细胞由于比精子和胚胎更易从数量稀少的濒危物种上收集,体细胞保存被认为是保护濒危物种最有潜力的方法之一。兔、家禽的遗传物质冷冻保存技术有待改进,遗传物质保存数量较少。家禽的生殖细胞冷冻保存技术仍然不够成熟。

农业部(现农业农村部)发布的《畜禽遗传资源保种场保护区和基因库管理办法》(2006 年 6 月 5 日农业部令第 64 号)、《家畜遗传材料生产许可办法》(2010 年 1 月 21 日农业部令第 5 号,2015 年 10 月 30 日修订)、《畜禽细胞与胚胎冷冻保种技术规范》

（NY/T 1900—2010）、《羊冷冻精液生产技术规程》（NY/T 3186—2018）、《牛冷冻精液生产技术规程》（NY/T 1234—2018）是遗传物质保种的技术规范和标准。依托山东省畜牧总站建设的山东省畜禽遗传资源基因库，是山东省最重要的遗传物质保护单位，现保存23个畜禽品种遗传物质8万余份；依托青岛农业大学建设的马属动物遗传资源基因库现保存33个马驴品种遗传物质1.5万份。

三、生物工程保种技术

（一）基因组文库保存技术

基因组文库是指用DNA技术将某种生物细胞的核DNA的全部片段随机地连接到载体上，再转移至适当的宿主细胞中，通过细胞增殖而形成的各个片段的无性繁殖系的总集。在需要时，可通过转基因工程，将保存的特定基因组组合后整合到同种甚至异种动物的基因组中，从而使理想的性能重新在活体畜群中得以体现。

基因组文库作为一种新型的遗传资源保存方法，安全、可靠，可长久保存，维护费用低，缺点是无法复原原有动物种群，仅能简单保存基因的DNA片段。由于DNA在保存过程中有易降解的特性，动物大片段DNA文库保存技术还需不断提升。

在以保存为目的的基因组文库构建方面，我国已经开展了20多年研究应用工作，制定了《畜禽基因组BAC文库构建与保存技术规程》（GB/T 25170—2010）。山东省也正在构建基于地方品种的基因组文库。

（二）体细胞克隆技术

体细胞克隆技术是指把体细胞核移入去核卵母细胞中，使其发生再程序化并发育为新的胚胎，最终发育为动物个体的技术，又称为"体细胞核移植技术"。

体细胞克隆技术可解决畜禽保种工作在技术和经济上的困难，一个保种中心即可把多种有灭绝危险的畜禽品种保存下来。国内体细胞克隆技术已经达到世界一流水平，具备在全国范围进行示范与推广的条件。

2018年下达的国家标准计划《猪牛羊体细胞克隆技术规范》，已进入审查阶段。目前，猪、牛、羊、马、驴、兔的体细胞克隆技术均可以实现，山东省畜禽遗传资源基因库保存有猪、牛、驴多个品种的体细胞。

（三）干细胞保存技术

干细胞是一类具有自我更新、高度增殖和多向分化能力的细胞，它不仅能分化成不同类型的细胞,以构成机体各种复杂的组织器官,还可通过细胞分裂维持自身群体稳定。根据其发育阶段可分为胚胎干细胞(embryonic stem cells,ESCs)和成体干细胞(adult stem cells,ASCs)。由于干细胞的全能性特质,其在种质资源保护中有广泛的应用前景。干细胞库可与配子库、胚胎库、基因库等一起,形成多层次、多角度、全方位的遗传资源保存体系。

2020年,国家发布了《猪多能干细胞建系技术规范》(GB/T 38788—2020)。《生物样本库多能干细胞管理技术规范》(GB/T 42466—2023)是未来畜禽干细胞保存技术的参考规范。

（四）生殖细胞保存技术

原始生殖细胞(primordial germ cell,PGCs)指能发育为精子或卵子的祖先细胞,属于配子前体细胞。因为原始生殖细胞所携带的遗传信息更全面,所以采用原始生殖细胞保种技术,可以解决传统活体保护技术维持费用高、受自然灾害或疫病影响导致的生物灭绝风险大的问题。应用原始生殖细胞进行禽类嵌合体的制备具有重要的生物学意义,因为禽类原始生殖细胞为抢救和保护濒危珍稀禽类遗传资源提供了新的思路与方法,且国内外已有一些成功经验。

生殖细胞的其他种质资源保存技术主要以囊胚细胞保存为主。因囊胚细胞含有分化潜能的胚胎干细胞,且容易提取,冷冻复苏后,通过细胞培养可分离出性腺细胞,也可通过嵌合体制作技术形成完整的囊胚细胞冷冻制作体系,可作为一种廉价且长期保存家禽种群遗传资源的方法。

四、抢救性保护技术

遗传资源的抢救性保护是指通过保护工程建设、活体和遗传材料收集等措施,避免濒危物种或品种消亡而造成无法挽回的损失,主要包括活体引种、活体或遗传材料交换补充以及遗传材料冷冻保存等。

遗传资源的濒危有时并不仅仅体现在数量的锐减上,不恰当的交配方式等也会造成群体遗传多样性的降低,即便是数量上有所恢复,遗传多样性的损失也很难挽回。抢救性保护技术还包括为防止群体有效含量减少、减缓近交速率、避免过度选择等所采取的技术措施,如采取资源挖掘、有效群体提纯复壮,同时在保种过程中开展保种效果监测。通过分子监测发现遗传资源近交程度过高和遗传多样性指标降低时,人们应通过从原产地或其他备份保种场引进活体,或从基因库引进冷冻精液等遗传材料的方式进行群体遗传多样性的恢复。

2000年以来,山东对里岔黑猪、沂蒙黑猪、烟台黑猪、五莲黑猪、枣庄黑盖猪等进行抢救性保护,对群体复壮起到了积极效果。2022年,依托青岛农业大学建设了山东省马属动物遗传资源基因库,对山东小毛驴和渤海马采集、保存冷冻精液和体细胞,实施抢救性保护。

第三次全国畜禽遗传资源普查期间,山东对泗水裘皮羊、烟台穇糠鸡等7个品种开展了抢救性保护,目前主要通过按照品种标准进行个体收集,建立抢救性收集保护基地(场),利用冻精、胚胎及体细胞等遗传材料的收集保存等手段予以保护,此外还加强其提纯复壮、扩繁等工作。

五、畜禽遗传资源鉴定技术

畜禽遗传资源鉴定的主要方法包括以表型为主的常规鉴定方法和以DNA标记为基础的分子鉴定方法。2006年农业部公布了《畜禽新品种配套系审定和畜禽遗传资源鉴定办法》,国家畜禽遗传资源委员会配套发布了《畜禽新品种配套系审定和畜禽遗传资源鉴定技术规范(试行)》,对遗传资源鉴定作出详细规定。

(一)常规鉴定方法

常规鉴定方法主要是基于体型外貌等表型信息进行鉴定,或者根据血液蛋白质组成或结构的差异信息等理化检验法进行鉴定,包括表型鉴定方法、生理生化方法、细胞学方法、分子生物学方法。表型鉴定主要利用主产区、起源来源、数量以及群体结构、体型外貌、生产性能、繁殖性能以及相关的生长环境和乡土知识等信息进行鉴定。常规鉴定方法易受环境和操作人员干扰,在准确性上存在很大的不足。

(二)分子鉴定方法

分子鉴定方法主要利用动物的血液、组织或者毛发,采用分子生物学手段进行种群的遗传结构、遗传多样性和遗传距离分析,以确定品种间或者个体间的亲缘关系、遗传距离等遗传信息。分子鉴定技术具有不受周围环境影响、快捷、准确等优点。随着高密度单核苷酸多态性(SNP)芯片的推出及测序成本的不断下降,通过全基因组重测序、挖掘品种特异性的不同类型的遗传变异、选择覆盖全基因组的分子遗传标记、利用靶向测序基因型分型技术,成为现代遗传资源鉴定的重要技术手段。

目前,山东地方畜禽遗传资源鉴定以常规鉴定方法(参考体型外貌及毛色等表型信息)为主。虽然部分品种利用 SNP 标记建立了地方品种的分子鉴定方法,但尚未大范围构建品种的分子身份证及推广利用。"鲁猪一号""家驴一号"和"鲁芯一号"芯片的成功研发是我省畜禽遗传资源分子鉴定迈出的重要一步。

第三节　畜禽遗传资源优异性状研究进展

近年来,山东围绕畜禽遗传资源优异性状的遗传规律和遗传基础开展了一系列研究,解析了影响优异性状的基因或遗传标记,取得了一些很有意义的成果,并逐渐应用到育种和生产实践中(见表 1-5-1)。

表 1-5-1　　　　山东畜禽遗传资源优异性状研究成果

资源名称	性状	功能基因
莱芜猪	肌内脂肪	*H-FABP*、*A-FABP*、*LPL*、*HSL*、*PID1*、*DGAT1*、*DGAT2*、*NDUFS4*、*ADD1*、*miR-331-3p*、*miR-34a/LEF1*
莱芜猪、里岔黑猪、沂蒙黑猪	产仔性能	*ESR*、*FSHβ*、*PRLR*、*RBP4*、*BMP15*、*BMPR-IB*
大蒲莲猪、莱芜猪	抗猪圆环病毒病性能	*NFAT5*、*STARD3NL*、*mir-122*、*SERPINA1*、*MRC1*
大蒲莲猪	抗猪繁殖与呼吸综合征性能	*USP18*、*CYP3A88*、*IFNLR1*
里岔黑猪	多肋性状	*NR6A1*
鲁西牛、渤海黑牛	生长性状	*MSTN*

资源名称	性状	功能基因
德州驴	体尺性状	*TBX3*、*ACSL4*、*MSI2*、*ADRA1B*、*CDKL5*
	毛色性状	*TBX3*、*KITLG*
	双驹性状	*ENO2*、*PTPN11*、*SOD2*、*CD44*
	皮厚性状	*KRT10*、*KRT1*、*CLDN9*、*MHCII*、*MMP28*
	多椎性状	*WNT7A*、*BMP7*、*LRP5*
小尾寒羊	产羔性状	*FecB*、*FecXG*
莱芜黑鸡、汶上芦花鸡、济宁百日鸡	产蛋性状	*BMP15*、*VLDLR*、*NR3C2*、*ANXA2*、*SOWAHA*
济宁百日鸡	早熟性状	*CCT6A*、*FSHR*、*pri-miR-26a-5p*
汶上芦花鸡、莱芜黑鸡、济宁百日鸡、寿光鸡	抗病性状	*MHC B-F*、*clock*、*miR-146b-5p*、*SCNN1A*
汶上芦花鸡	体尺性状	*ZCCHC7*、*PAX5*、*MELK*、*GH*、*IGF2*、*TSHB*
五龙鹅	繁殖性状	*PRL*、*PRLHR*、*MAPK1*、*CPNE4*
合计	17	70（含重复）

第四节　畜禽遗传资源保护科技创新重大进展

近年来，山东省在畜禽遗传资源保护科技创新方面取得了多项科技成果。

一、奖励

"鲁农Ⅰ号猪配套系、鲁烟白猪新品种培育与应用"获 2009 年度山东省科技进步一等奖和 2010 年度国家科技进步二等奖。

"优质种驴高效生产关键技术研究创新与产业化示范推广"获 2020～2021 年度神农中华农业科技奖科学研究类成果二等奖。

"五龙鹅（豁眼鹅）良种繁育体系建立与推广"获 2002 年农业部全国农牧渔业丰

收奖二等奖。

"肉羊规模化育肥与优质肥羔生产技术示范推广"获 2019～2021 年度全国农牧渔业丰收奖二等奖。

"五龙鹅品种选育"获 2003 年度山东省科技进步一等奖。

"鲁禽 1 号、3 号麻鸡配套系的培育及应用研究"获 2008 年度山东省科技进步一等奖。

"山东省地方羊品种资源挖掘、保护与利用"获 2014 年度山东省科技进步一等奖。

"鲁莱黑猪的培育"获 2007 年度山东省科技进步二等奖。

"豁眼鹅快长系选育与配套技术"获 2009 年度山东省科技进步二等奖。

"莱芜猪的保种选育与遗传资源创新利用"获 2014 年度山东省科技进步二等奖。

"优质饲草高效生产关键技术研究与精准化养畜应用"获 2016 年度山东省科技进步二等奖及农业部科技进步三等奖。

"鲁西黑头肉羊多胎品系培育"获 2011 年度山东省科技进步三等奖。

"山东畜禽遗传资源保护与利用调查及策略研究"获 2022 年山东软科学优秀科技成果一等奖。

二、芯片开发

山东省农业科学院畜牧兽医研究所集成了公开发表的功能标记及山东省地方猪资源筛选的品种鉴定位点,开发了适用于标记辅助育种和资源鉴定的液相芯片——"鲁猪一号"。

青岛农业大学联合西北农林科技大学研发成功以德州驴为模式的液相芯片——"家驴一号"。

山东省农业科学院家禽研究所基于山东省地方鸡种质资源特性,开发了适用于我省地方鸡种质资源精准鉴定和创新利用的液相芯片——"鲁芯一号"。

三、资源挖掘鉴定

2010 年以来,我省发掘鉴定了马踏湖鸭(2015 年)、枣庄黑盖猪(2019 年)、莱芜黑兔(2020 年)、沂蒙鸡(2020 年)、梁山黑猪(2024 年)、枣庄孙枝鸡(2024 年)、莱芜黑鸡(2024 年)等 7 个遗传资源。其中,莱芜黑兔是我国北方迄今唯一的地方兔资源。

四、品种配套系培育

2000 年以来,利用山东地方畜禽遗传资源,我省先后培育了鲁莱黑猪(2005 年)、鲁禽 1 号麻鸡配套系(2006 年)、鲁禽 3 号麻鸡配套系(2006 年)、鲁烟白猪(2007 年)、鲁农Ⅰ号猪配套系(2007 年)、江泉白猪配套系(2015 年)、鲁西黑头羊(2018 年)、东禽 1 号麻鸡配套系(2022 年)等 8 个品种(配套系)。此外,2023 年广东、江西专家以我省的莱芜猪、里岔黑猪等品种为主要育种素材,培育了"乡下黑猪""山下长黑猪"新品种。

第五节　畜禽遗传资源保护科技支撑体系建设

一、科研院校及其学科建设

山东地方畜禽遗传资源丰富,这些地方畜种拥有肉蛋品质好、抗逆性强、早熟性好、繁殖力高等优异性状。山东多家科研院校开展了与地方畜禽遗传资源保护相关的研究和学科建设,主要以山东农业大学、青岛农业大学、山东省农业科学院和聊城大学为主。

(一)山东农业大学

山东农业大学是一所以农业科学为优势、生命科学为特色的百年老校,拥有多个国家重点实验室、重点学科和工程技术研究中心。动物科技学院拥有 1 个国家级实验教学示范中心、2 个国家一流专业建设点、1 个山东省一流专业建设点、3 个省品牌和特色专业、1 个省重点实验室、2 个省重点学科、1 个省高等学校人才培养模式创新实验区。动物科学专业是学校的优势学科、国家一流专业、国家级特色专业、山东省名校工程重点建设专业、山东省"双一流"建设学科、山东省新旧动能转化建设专业,现有动物遗传育种与繁殖学一级学科博士学位授权点,拥有本科、硕士、博士、博士后流动站的完整人才培养体系。在地方畜禽遗传资源挖掘保护、优异种质特性及功能基因筛选、新品种培育、基因组选择方法优化及算法等方面,山东农业大学取得了创新性成果。

(二)青岛农业大学

青岛农业大学是山东省"高水平大学""高水平学科"建设单位,被评为"山东特色名校工程"重点建设大学。动物科技学院设有动物科学、马业科学 2 个本科专业,其中动物科学专业为国家级一流本科专业建设点、国家本科专业综合改革试点项目、国家级特色专业、山东省品牌专业、山东省一流专业;马业科学专业是教育部批准设立的我国唯一本科层次涉马(马属动物)专业和"A"级学科专业。学院现有畜牧学一级学科和农业硕士畜牧领域硕士学位授权点,设动物遗传育种与繁殖等3个研究方向,在动物科学、马业科学、特种经济动物等领域形成了特色和优势,建有山东省重点学科——动物遗传育种与繁殖。学校建有青岛农业大学优质水禽研究所。

(三)山东省农业科学院畜牧兽医研究所

山东省农业科学院畜牧兽医研究所是专业从事畜牧兽医科学研究的省级科研机构,为全国农业科研机构综合实力百强研究所,现已形成了猪遗传育种与饲养管理、肉牛遗传育种与饲养、羊遗传育种与饲养管理、家兔与宠物繁育饲养等十大研究学科。近五年,研究所年均立项各类科研项目40余项,年均立项经费3000万元以上,育成新品种(配套系)4个(鲁烟白猪、鲁农Ⅰ号、鲁西黑头羊、鲁中肉羊),为促进畜牧业经济发展作出了重要贡献。

(四)山东省农业科学院家禽研究所

山东省农业科学院家禽研究所是全国两所家禽专业研究所之一,为全国农业技术开发十强研究所,建有农业农村部蛋鸡健康养殖工程与装备科研基地(东营)、省地方鸡品种资源活体基因库、省家禽育种工程技术中心、省中英家禽育种与免疫防控研究中心等10个省部级科研、检(监)测平台,先后培育出鲁禽1号麻鸡配套系、鲁禽3号麻鸡配套系等新品种(系)。

(五)聊城大学

聊城大学2012年被确定为山东省首批应用型人才培养特色名校,拥有硕士、学士学位授予权。聊城大学建设有动物科学专业和智慧牧业科学与工程专业,拥有山东省唯一一个畜牧学高水平培育学科,是山东省现代驴产业技术体系首席专家单位,拥有山东省高等学校特色畜禽种质资源创新与利用重点实验室和驴产业科技协同创新中心等省级以上科研平台7个。

二、人才队伍建设

经过多年建设,山东省科研高校和育种企业培养了一批畜禽遗传资源保护科技人才,成立了人才团队,具体如表1-5-2所示。

表 1-5-2　　　　　　山东省畜禽遗传资源保护人才团队情况表

资源	学校	团队名称	牵头人	团队结构
猪	山东农业大学	生猪种业创新团队	曾勇庆	现有科研人员 30 余人,其中教授 3 人,副教授 4 人,讲师及博士后 3 人;博士和硕士研究生 20 余人。省级以上人才 2 人,岗位科学家 1 人
	青岛农业大学	生猪遗传育种与繁殖创新团队	宋春阳	现有科研人员 8 人,其中教授 2 人,副教授 2 人;博士研究生 3 人,硕士研究生 4 人。泰山学者特聘教授 1 人,试验站长 1 人
	青岛农业大学	生猪种业创新团队	沈伟	现有科研人员 11 人,其中教授 6 人,副教授 4 人,讲师 1 人;全部拥有博士学位。国家高层次人才特殊支持计划人才 1 人,泰山学者、教育部新世纪优秀人才等省部级人才 4 人,国家畜禽遗传资源委员会委员 1 人
	山东省农业科学院畜牧兽医研究所	猪遗传育种与饲养管理创新团队	王继英	现有科研人员 13 人,其中研究员 4 人,副研究员 3 人,助理研究员 6 人。省级以上人才 2 人,岗位科学家 1 人
牛	山东省农业科学院畜牧兽医研究所	肉牛遗传育种与饲养管理创新团队	宋恩亮	现有科研人员 10 人,其中研究员 2 人,副研究员 4 人;博士研究生 4 人。泰山产业领军人才 1 人,国家肉牛产业技术体系试验站站长 1 人,山东省牛产业技术体系岗位专家 1 人
羊	山东农业大学	羊遗传育种研究团队	王建民	现有科研人员 13 人,其中教授 1 人,副教授 1 人,高级实验师 1 人,中级实验师 2 人;博士研究生 2 人,硕士研究生 6 人。省现代农业产业技术体系羊产业体系首席岗位专家 1 人,综合试验站长 1 人
	青岛农业大学	羊遗传育种团队	柳楠	现有科研人员 7 人,其中教授 3 人,副教授 2 人,讲师 2 人;博士、硕士研究生 16 人。省级以上人才 1 人,省岗位科学家 2 人
	山东省农业科学院畜牧兽医研究所	羊遗传育种与饲养管理创新团队	王可	现有科研人员 8 人,其中研究员 2 人,副研究员 4 人;博士、硕士研究生 5 人。国家肉羊产业技术体系岗位科学家和省现代农业产业技术体系羊创新团队岗位专家各 1 人

资源	学校	团队名称	牵头人	团队结构
兔	山东农业大学	家兔遗传育种与精准营养团队	樊新忠	现有教授 3 人、其他研究骨干 6 人,其中博士生导师 2 人,泰山产业领军人才 2 人。国家、省兔体系岗位 2 个,试验站 1 个,建有兔高效生物育种国家地方联合工程中心等高层次平台
	山东省农业科学院畜牧兽医研究所	家兔与宠物繁育饲养创新团队	孙海涛	现有在编科研人员 10 人,其中高级职称 4 人,其他科研骨干 6 人。国家兔产业技术体系试验站站长 1 人,省特种经济动物产业技术体系岗位专家和试验站站长各 1 人
马驴	青岛农业大学	马属动物研究院	孙玉江	现有教学科研人员 22 人,其中教授 13 人。国家高层次人才特殊支持计划人才 1 人,泰山学者特聘教授 2 人,教育部新世纪优秀人才 1 人
	聊城大学	驴研究团队	王长法	国家马驴驼遗传资源委员会专家 1 人,泰山产业领军人才、泰山学者青年专家、省现代农业产业技术体系首席专家等省级人才 9 人
鸡	山东省农业科学院家禽研究所	鸡遗传育种与繁育创新团队	曹顶国	现有人员 11 人,其中高级职称 6 人,国家现代农业产业技术体系专家 2 人,省农业良种工程项目首席 2 人,国家畜禽遗传资源委员会委员 1 人,国家肉鸡遗传改良计划专家组成员 1 人,山东省畜禽遗传改良计划家禽专家组副组长 1 人,山东省蛋鸡遗传改良计划专家 1 人
	山东农业大学	鸡资源保护与创新利用团队	李显耀	现有教授 6 人,副教授 5 人,研究生 50 余人。全国蛋鸡遗传改良计划专家委员会委员 1 人,山东省家禽产业技术体系岗位专家 1 人
水禽	青岛农业大学	优质水禽研究所	王宝维	现有教授 4 人,副教授 4 人,博士研究生 4 人,硕士研究生 20 多人。国家水禽产业技术体系岗位科学家 1 人
	聊城大学	水禽遗传育种团队	朱明霞	现有教授 1 人,副教授 2 人,青年博士研究生 2 人,硕士研究生 5 人。山东省水禽遗传改良计划专家 1 人

三、平台、重点实验室等建设

围绕畜禽遗传资源保护,山东省科研院校、推广机构、育种企业等建设了 12 个省部级平台和重点实验室,具体情况如表 1-5-3 所示。

表 1-5-3 　　　　　　 山东省遗传资源平台、实验室建设情况表

序号	单位名称	平台、实验室名称	数量/个
1	山东农业大学	山东省家畜种质创新与利用重点实验室、山东省绿色低碳畜牧业技术协同创新中心	2
2	青岛农业大学	山东省动物生殖与种质创新高校特色实验室	1
3	山东省农业科学院畜牧兽医研究所	农业农村部畜禽生物组学重点实验室、山东省良种猪繁育工程技术研究中心、山东省畜禽疫病防治与繁育重点实验室	3
4	山东省农业科学院家禽研究所	山东省家禽育种工程技术研究中心	1
5	聊城大学	国家马驴遗传评估中心、山东省特色畜禽种质资源创新与利用重点实验室、山东省黑毛驴高效繁育与健康养殖工程技术研究中心、山东省高等学校驴产业科技协同创新中心	4
6	山东省畜牧总站	畜禽遗传资源保护与生物育种山东省工程研究中心	1
7	青岛康大外贸集团	农业农村部兔遗传育种与繁殖重点实验室、兔高效生物育种技术国家地方联合工程研究中心	2
		合　　计	14

第六章　畜禽遗传资源保护管理与政策

为加强畜禽遗传资源保护和管理工作,国务院、农业农村部和山东省先后出台了一系列管理法规和政策性文件,如《国务院办公厅关于加强农业种质资源保护与利用的意见》(国办发〔2019〕56 号)、《国务院办公厅关于促进畜牧业高质量发展的意见》(国办发〔2020〕31 号)、2022 年新修订的《中华人民共和国畜牧业》(以下简称《畜牧法》)等不断强调加强畜禽遗传资源保护。

第一节　畜禽遗传资源保护法律法规体系建设

畜禽种业方面共有相关法律法规及配套规章 13 部,为推进畜禽种业高质量发展提供了坚实的法律保障。新修订的《畜牧法》于 2023 年 3 月 1 日施行,突出畜禽种业发展振兴,强化遗传资源保护力度。

一、国家法律法规

《中华人民共和国宪法》是中华人民共和国的根本大法,拥有最高法律效力。其第九条规定:国家保障自然资源的合理利用,保护珍贵的动物和植物。

《畜牧法》是保护畜禽遗传资源的重要法律,规定了畜牧业的基本管理制度和技术标准,确保了畜禽品种的生产、经营和利用安全可靠。《畜牧法》对畜禽遗传资源的保护作了全面规定,建立了一系列基本制度,包括:畜禽遗传资源保护制度、调查制度,资源状况报告定期发布制度,畜禽遗传资源的鉴定、评估制度等;明确中央和地方政府在畜禽遗传资源保护中的责任,将建立畜禽遗传资源基因库、保护场、保护区作为主要的保护手段;对畜禽遗传资源的进出境管理作了明确规定。

新修订的《畜牧法》在遗传资源保护方面主要增加了以下内容:畜禽遗传资源保护以国家为主、多元参与,坚持保护优先、高效利用的原则,实行分类分级保护;鼓励加强畜禽遗传资源保护和利用的基础研究,提高科技创新能力;加强畜禽遗传资源保护用地保障,县级以上地方人民政府应当保障畜禽遗传资源保种场和基因库用地的需求。

《中华人民共和国畜禽遗传资源进出境和对外合作研究利用审批办法》要求加强对畜禽遗传资源进出境和对外合作研究利用的管理,保护和合理利用畜禽遗传资源,防止畜禽遗传资源流失,促进畜牧业持续健康发展。

《中华人民共和国生物安全法》是保障生物多样性和生态安全的法律,对生物资源的管理、调查、监测、保护和利用等方面进行了明确规定。第五十八条规定:采集、保藏、利用、运输出境我国珍贵、濒危、特有物种及其可用于再生或者繁殖传代的个体、器官、组织、细胞、基因等遗传资源,应当遵守有关法律法规。境外组织、个人及其设立或者实际控制的机构获取和利用我国生物资源,应当依法取得批准。2021年发布的《中国的生物多样性保护》白皮书将畜禽遗传资源保护纳入其中。

二、部门条例与规范性文件

为了加强对畜禽遗传资源进出境和对外合作研究利用的管理,保护和合理利用畜禽遗传资源,防止畜禽遗传资源流失,促进畜牧业持续健康发展,依据《畜牧法》的有关规定,原农业部先后出台《种畜禽管理条例实施细则》《〈种畜禽生产经营许可证〉管理办法》《畜禽遗传资源保种场保护区和基因库管理办法》《畜禽新品种配套系审定和畜禽遗传资源鉴定办法》《优良种畜登记规则》《家畜遗传材料生产许可办法》等规范性文件。这些法律法规和规范性文件的颁布实施为强化畜禽遗传资源保护工作提供了法律保障。

2006年,农业部公布《畜禽遗传资源保种场保护区和基因库管理办法》,规范遗传资源保护单位认定程序、监管评价及退出机制,明确保种场基本条件,规定保种场建立和确定程序以及各方监督管理责任;发布《畜禽新品种配套系审定和畜禽遗传资源鉴定办法》,规范畜禽遗传资源鉴定工作,促进优良品种选育及推广。

2017年6月7日,农业部办公厅印发《国家畜禽遗传资源委员会职责及组成人员产生办法》(农办牧〔2017〕27号,2019年修订)。该委员会主要负责畜禽遗传资源的鉴定评估、畜禽新品种配套系审定、畜禽遗传资源保护和利用规划论证及有关畜禽遗传资源保护的咨询工作。

2023年,农业农村部就《种畜禽生产经营许可管理办法》公开征求意见,对种畜禽生产经营许可管理工作进行细化,对畜禽遗传资源保护单位生产经营秩序进一步规范。

三、行业管理部门公告

2006年6月2日,农业部发布第662号公告,将2000年确定的78个国家级畜禽遗传资源保护品种修订为138个。2014年2月14日,农业部对《国家级畜禽遗传资源保护名录》(农业部公告第662号)进行了修订,确定八眉猪等159个畜禽品种为国家级畜禽遗传资源保护品种(农业部公告第2061号)。

2020年5月27日,农业农村部公布了经国务院批准的《国家畜禽遗传资源目录》(农业农村部公告第303号),对准确把握畜禽遗传资源范围、强化保护利用和品种创新具有重要意义。2021年1月13日,国家畜禽遗传资源委员会办公室发布《国家畜禽遗传资源品种名录(2021年版)》。

2021年8月9日,农业农村部发布第453号公告,经对原有国家级畜禽遗传资源基因库、保护区、保种场审核确认,对新申请单位审核评估,重新确定了国家畜禽遗传资源基因库8个、保护区24个、保种场173个。2022年12月26日,农业农村部发布第631号公告,明确第二批12个国家级畜禽遗传资源保护单位,包括10个畜禽保种场、2个蚕基因库。

四、地方法规、公告和规范性文件

《山东省种畜禽生产经营管理办法》(2010年3月16日山东省人民政府令第223号公布,根据2016年4月15日山东省人民政府令第298号修正,自2010年5月1日起施行)第二章专门论述畜禽遗传资源保护。

2021年11月9日,山东省畜牧兽医局下发《关于公布山东省畜禽遗传资源保护名录的通知》(鲁牧畜发〔2021〕15号),对2010年公布的《山东省畜禽遗传资源保护名录》进行修订,确定将鲁西牛等35个畜禽遗传资源列入山东省畜禽遗传资源保护名录。

2022年4月27日,山东省畜牧兽医局印发《山东省省级畜禽遗传资源保种场保护区和基因库管理办法》(鲁牧畜发〔2022〕5号)。该办法围绕全省畜禽遗传资源保护体系建设,提升畜禽遗传资源保护与利用水平,规范畜禽遗传资源保护单位申请、确定、监管及评价制度,并在落实省级管理责任、压实市县属地责任及保护单位主体责任方面作了规定,为促进政府科学管理畜禽遗传资源、规范保护单位审核与监管行为、有效提升监管能力提供了政策保障。

2022年12月7日,《山东省畜牧兽医局关于开展省级以上畜禽遗传资源保种场和基因库保种效果评估的通知》(鲁牧站发〔2022〕8号)公布了《山东省畜禽遗传资源保护单位保种效果评估细则》。

2021年以来,山东省畜牧兽医局发布5次公告(公告〔2021〕85号、公告〔2022〕28号、公告〔2022〕108号、公告〔2023〕46号、公告〔2024〕38号),确定(重新确定)了省级畜禽遗传资源保种场67个、保护区4个、基因库5个。

第二节　畜禽遗传资源保护管理体系建设

一、政府管理体系

2007年,农业部设立了国家畜禽遗传资源委员会。2022年,国家成立第四届畜禽遗传资源委员会,负责畜禽遗传资源的鉴定、评估和畜禽新品种、配套系的审定工作,承担畜禽遗传资源保护和利用规划论证工作,组建推动我国畜禽种业高质量发展的骨干力量,为畜禽种业发展提供有力支撑。

2018年机构改革,农业农村部组建种业管理司,负责起草农作物和畜禽种业发展政策、规划,组织实施农作物种质资源、畜禽遗传资源保护和管理工作。本次改革,统筹农作物和畜禽种业管理,将种业放到更重要的位置,有力推动了畜禽种业发展。各省级农业农村主管部门陆续设立种业管理处,明确种质资源管理职能。

山东省畜牧兽医局设立畜禽种业管理处(挂靠畜牧与畜禽废弃物利用处),负责畜禽良种的资源保护开发、繁育推广、生产经营监督与管理工作,包含了全省畜禽种业管理和畜禽遗传资源保护工作职责。各地市农业农村局(畜牧兽医局)、畜牧中心均设有负责畜禽良种的资源保护开发、繁育推广、生产经营管理职责的相关科室。

机构改革后,大部分市县的农业农村局承担起畜禽遗传资源保护的职责,实际管理工作仍由改革后的畜牧中心负责。

二、技术推广体系

全国畜牧总站是畜牧业管理的国家级技术支撑机构,设有畜禽种业指导处、畜禽资源处、畜禽种质资源保存中心等机构。全国畜牧总站承担畜禽品种资源的调查、保护与管理工作,组织实施相关品种的审定、登记、引进、繁育、推广工作,承担畜禽、牧草饲料品种资源的调查、保护与管理工作,组织实施相关品种的审定、登记、引进、繁育、推广工作。2010 年经农业部批准,全国畜牧总站成立了畜禽资源处,专门从事畜禽资源保护与管理工作,承担国家畜禽遗传资源委员会的日常工作。

山东省畜牧总站为畜禽遗传资源保护的省级技术支撑单位,承担畜禽遗传资源保护、开发利用等工作。山东省第三次畜禽遗传资源普查工作办公室设在山东省畜牧总站。山东省畜牧总站种质资源室牵头负责畜禽种质资源保护和开发利用的技术业务工作,2017 年建设了山东省畜禽遗传资源基因库,负责山东省畜禽遗传资源遗传材料收集保存工作,2021 年承担了东部地区畜禽遗传资源基因库建设项目,并于2023 年 6 月竣工验收。

山东省大部分市县原来都设有畜牧技术推广站,机构改革后,大部分畜牧技术推广站并入畜牧中心,其技术推广职责也一并并入。

三、技术组织

2022 年,山东省畜牧总站牵头,组织全省推广系统专业技术人员 123 名,成立全省畜禽遗传资源保护与利用"帮包"技术队伍,对全省 65 家畜禽遗传资源保种场和基因库开展不定期技术帮扶,帮助企业提高资源保护与利用能力。总站对技术帮扶人员进行了增补调整,"帮包"队伍进一步壮大。

第三节 畜禽遗传资源保护政策体系建设

一、国家出台的保护政策

2019 年 4 月,农业农村部办公厅印发《农业种质遗传资源保护与利用三年行动方案》(农办种〔2019〕15 号),加强农作物种质资源和畜禽遗传资源保护与利用,强化种质遗传资源对发展现代种业、推进农业高质量发展的基础性支撑作用。

2019 年 12 月,国务院办公厅印发《关于加强农业种质资源保护与利用的意见》(国办发〔2019〕56 号),明确了农业种质资源保护的基础性、公益性定位,坚持保护优先、高效利用、政府主导、多元参与的原则,创新体制机制,强化责任落实、科技支撑和法治保障,构建多层次收集保护、多元化开发利用和多渠道政策支持的新格局。

2020 年 6 月,农业农村部下发《关于落实农业种质资源保护主体责任 开展农业种质资源登记工作的通知》(农种发〔2020〕2 号),落实农业种质资源保护单位主体责任,推进农业种质资源登记与大数据平台构建等工作。

2021 年 7 月,中央全面深化改革委员会第二十次会议审议并通过《种业振兴行动方案》。这是继 1962 年出台《关于加强种子工作的决定》后,国家再次对种业发展作出重要部署。

2021 年 8 月,国家发展改革委、农业农村部联合印发《"十四五"现代种业提升工程建设规划》(发改农经〔2021〕1133 号),从种质资源保护、育种创新、测试评价、良种繁育四个方面提出发展目标,指出下一步资源保护等建设项目方面的总体规划。

2021 年 10 月,中共中央办公厅、国务院办公厅印发《关于进一步加强生物多样性保护的意见》,在"构建完备的生物多样性保护监测体系"中,要求"持续推进农作物和畜禽、水产、林草植物、药用植物、菌种等生物遗传资源和种质资源调查、编目及数据库建设"。

2021 年 12 月,《农业农村部办公厅关于做好农业种质资源库建设工作的通知》(农办种〔2021〕8 号)明确构建国家畜禽种质资源库、区域级基因库、保种场保护区三道保护屏障。

二、山东省出台的保护政策

2020 年以来,山东省政府办公厅、省农业农村厅、省发展改革委和省畜牧局等部门陆续出台了一系列规划、文件与实施方案,为全省畜禽遗传资源保护与利用提供了依据。

2020 年 9 月,山东省农业农村厅联合省发展改革委、省科技厅、省财政厅与省生态环境厅发布了《山东省农业种质资源保护与利用中长期发展规划(2020~2035年)》(鲁农种字〔2020〕13 号),对到 2035 年全省畜禽遗传资源保种场(区、库)创建、遗传材料收集、活体保护及新品种培育的数量提出了具体目标。

2020 年 12 月,山东省农业农村厅印发了《山东省农业种质资源保护单位确定和农业种质资源登记工作的通知》(农种字〔2020〕18 号)。根据文件要求,省畜牧局对全省畜禽遗传资源保种场(区、库)进行重新梳理,重新确定省级畜禽遗传资源保护单位 63 个,其中省级保种场 55 个,中蜂保护区 4 个,活体基因库 3 个,遗传材料基因库 1 个,覆盖全省畜禽遗传资源的省级资源保护体系逐步完善。

2020 年 12 月,山东省人民政府办公厅出台《关于加快推进现代种业创新发展的实施意见》(鲁政办字〔2020〕172 号),明确提出要强化畜禽遗传资源保护体系建设,加快资源保种场(区、库)建设,改扩建保种场(区、库)30 处,加快遗传材料收集入库;强化畜禽遗传资源创新利用,加快建立资源鉴定评价创新利用技术体系和标准体系,挖掘关键功能基因,建立基因型-表型数据库。

2021 年 2 月,省畜牧局印发《关于深入落实现代种业创新发展实施意见加快推进畜禽种业高质量发展的通知》(鲁牧畜发〔2021〕2 号),明确下一阶段重点工作任务,强化资源保护体系建设的同时,强化资源的开发利用,建设山东省畜禽种质资源保护与利用中心,建设国家级区域性遗传材料基因库 1 个,加快遗传材料收集与入库保存,开展畜禽遗传资源鉴定评价及技术体系与标准体系建设。

2021 年年底,《山东省"十四五"畜禽种业发展规划》(鲁牧计财发〔2021〕20 号)等文件指出畜禽遗传资源保护与利用的方向、措施、政策。

自 2022 年起,山东省财政部门设立畜禽遗传资源保种场基因库保护专项,申请省财政保种经费 1000 万元,对我省省级畜禽遗传资源保种场基因库给予专项保种补助。2023 年资金总额又增加到了 1500 万元,并设立开发利用引导资金。同时,济南、青岛、烟台、潍坊、济宁等地市也设立相关资金对资源保护工作给予专项支持。

此外,山东省利用科技创新发展资金——山东省农业良种工程项目,每年给予 1000 万元左右资金支持畜禽遗传资源保护利用及种业研发。同时,业务主管部门积极组织遗传资源保护企业先后创建国家级保种场 16 家,每年可获得中央财政 900 余万元支持,有力地推动了全省畜禽遗传资源的保护与利用工作。

第七章　挑战与行动

　　"养牛为耕田,养猪为过年,养鸡换油盐",这曾经是广大农村展现出的地方畜禽品种与人类生活和谐发展的画面,作为"穷"时代的必备生活资源,地方畜禽品种与当地群众的生活密切相关,也为人类的生存发展及文化传承作出了突出贡献。但是伴随经济生活水平的提高,农业生产进入现代化,传统生产方式改变,曾经的"穷"资源逐渐失去了它原有的作用,加之国外品种的引进冲击、生态环境变化和保护意识欠缺,一些商品性能较低的地方畜禽品种逐渐被淘汰,导致地方畜禽品种数量锐减,处于濒危甚至灭绝状态,地方畜禽遗传资源保护面临严峻挑战。

第一节　畜禽遗传资源面临的挑战

一、畜牧业发展带来的挑战

　　改革开放后,伴随人民对肉蛋奶需求的增加,畜牧业经历了30多年的快速发展,这一阶段畜牧业的发展关注更多的是肉蛋奶数量的满足。饲料转化率高和生长速度快的"洋"品种在这一阶段被大量引入,人们在一味追求"良种化"带来的眼前效益的同时,没有察觉到为此付出的高昂代价。这些引进品种严重冲击了我国丰富的地方畜禽遗传资源,一些地方畜禽品种逐步被市场淘汰或被杂交利用,地方品种数量大幅减少,很多品种群体越来越小、遗传多样性降低、杂交严重,地方畜禽遗传资源保护面临巨大挑战。

伴随经济社会的发展,当前我国畜牧业进入高质量发展阶段,人民对高品质产品以及特色产品的需求不断增加。地方畜禽遗传资源因其产品品质优、抗病性强等特性迎来了新机遇,但同时面临群体数量不足、生长周期长等困境,在当前应该以怎样的方式融入畜牧业高质量发展也是发展中的一大挑战。

二、城镇化和人口搬迁带来的挑战

2022 年我国城镇化率达到 65.22%,城镇化率快速提升,大量农村人口进入城镇生活,曾经散落在农户家的地方畜禽遗传资源快速消失,地方畜禽遗传资源漂变丢失严重。城镇化和人口搬迁也使得农业生产方式发生了改变。城镇化率的提高使得建设用地增加,地方畜禽养殖面临用地压力;乡村劳动力减少也带来畜禽养殖从业人员不足的风险。因此,地方畜禽品种的养殖,不仅面临在哪儿养的问题,也面临谁来养的问题。

三、生态环境保护带来的挑战

近年来,在“绿水青山就是金山银山”生态发展理念的引领下,我国在畜牧业发展环境保护方面提出了明确要求,禁养限养区域越来越多,养殖环境治理要求越来越高。地方畜禽养殖作为畜牧业养殖的重要补充,未来的养殖数量会不断增加,规模化水平也会不断提高。面对环保和生态发展要求,地方畜禽养殖面临越来越严格的环保政策挑战,很多地方畜禽赖以生存的区域禁止养殖,地方畜禽养殖生态环境发生改变,影响了畜禽遗传多样性保存。地方畜禽养殖规模增加也对从业人员的管理能力和污染处理水平提出了新的挑战。

四、畜禽遗传资源保护利用面临的挑战

遗传资源保护是生态多样性保护的重要组成部分。近年来各级政府不断加大资源保护力度,但由于保护经费不足、划拨不稳定、经费不持续等问题,畜禽遗传资源保护体系仍不够完善。当前承担保种任务的企业,由于保种经费不足,往往会以市场为导向进行选育,长此以往会使畜禽遗传资源多样性丢失。另外,大多数保种场基础设施老旧,从业人员观念落后、技术水平较差、整体素质偏低,且自有资金不足,发展保护规模和拓展市场利用能力较弱,导致畜禽遗传资源保护工作举步维艰。

开发是遗传资源保护的有效措施,但资源研究开发的面窄且浅、对大部分性状潜

在价值评估认识不足、开发利用程度低是当前畜禽遗传资源面临的巨大挑战。此外，畜禽遗传资源保护、利用往往聚焦在品种培育与产品开发方面，在休闲娱乐、医疗、健康等其他领域的应用和潜在价值研究等方面，往往缺乏足够的关注和投入。

第二节　畜禽遗传资源保护行动

一、动态监测行动

我国建立了国家级畜禽遗传资源动态监测评估中心，承担全国畜禽遗传资源动态监测和评价工作，审核、发布、预警最新资源信息；在畜禽遗传资源大省建立 20 个省级分中心，承担本省的畜禽遗传资源动态监测工作，分析、审核和上报本省畜禽遗传资源信息；在重点畜禽遗传资源原产地建立 200 个基层监测点，承担该区域畜禽遗传资源的数量、分布、性能变化等基础信息采集、录入、上报等工作；开发了国家畜禽遗传资源数据库系统，建设信息共享平台，逐步构建畜禽遗传资源动态监测预警体系，加强对地方品种种群规模、种质变化、濒危状况、保种效果、开发利用等常态监测，便于及时掌握资源动态变化，科学预测近期和中长期发展趋势。2021 年，国家开展了第三次全国畜禽遗传资源普查，进一步摸清了底数，为地方畜禽遗传资源保护与发展奠定了基础。

山东省建立畜禽遗传资源信息平台系统，定期对辖区内省级畜禽遗传资源保种场和活体基因库的种群数量、种群结构等信息进行动态监测。

二、抢救性保护行动

山东省已连续两年将畜禽遗传资源保护列入财政预算，对泗水裘皮羊、烟台糁糠鸡等 7 个濒危品种实施了抢救性保护。各相关市、县积极争取财政支持，将濒危畜禽遗传资源保护纳入当地财政预算。在抢救性保护中，我省积极引导社会资本参与，建立多元化投入机制，鼓励龙头企业、畜禽种业阵型企业等市场主体参与，增强保种力量，提升保护水平，防止资源得而复失。如在大尾寒羊的保护中，鼓励国家核心育种场、国家种业阵型企业临清润林牧业有限公司参与大尾寒羊保护工作，使保种工作取得显著成效。

三、科技支撑行动

针对地方畜禽遗传资源,国家级和省级科技部门多次立项支持资源保护与利用工作。山东省连续 4 次把畜禽种质资源收集保护与精准鉴定项目纳入省农业良种工程予以支持,还将猪、羊、驴等多个地方品种研发予以立项,并取得了良好效果。

四、可持续利用行动

保护畜禽遗传资源的最终目的是实现可持续利用。可持续利用包括对遗传资源进行筛选、育种、繁殖等方面的工作,以提高畜禽遗传资源的生产性能、适应性和抗病性等特性,同时积极探索遗传资源的商业利用,开展商业化开发利用研究,满足市场需求,为遗传资源保护提供经济支持。

五、科普行动

普及地方品种的科学知识,增强公众对遗传资源的认识和理解,有助于推动畜禽遗传资源的保护和利用。通过加大宣传力度,举办地方畜禽遗传资源主题文化活动,结合农耕文化教育、优质畜产品消费活动,鼓励社会公众、专家学者、专业人员参与遗传资源保护与利用科普宣传,提高公众参与意识,争取广泛支持,有助于提升地方特色品种及其产品的文化品牌知名度和社会影响力。

第三节 畜禽遗传资源利用趋势

随着人民生活水平的提高,畜牧业生产进入高质量发展的新阶段,必须抓好畜禽遗传资源这一种业源头,在育种、保种、基础理论与应用研究上,创建新的技术理论体系与生产应用实践,总结出地方畜禽品种发展的新思路,增加"特、精、美"和优质畜产品的供给,推动我省特色畜牧业发展。

一、培育新品种,挖掘新功能

充分发挥地方畜禽遗传资源在肉质、适应性、繁殖力以及抗病力等性状方面具有的突出优点,做好品种提纯复壮和改良,并由传统育种逐步向生物育种转变,利用高科技手段,挖掘种质资源优良基因,培育具有优良传统特性的现代新品种。

二、引导消费需求,开拓新空间

随着生活水平的提高,市场消费需求日益呈现品牌化、多元化,地方畜禽遗传资源将改变单纯以肉、蛋销售为主的地方品种产品开发现状,逐步研究利用地方品种的特性,开发功能性特色畜禽产品,为地方特色畜禽产品开拓新的发展空间。

三、做好融合发展,引领新时尚

以地方品种优势资源为基础,融入乡村振兴产业,将加快畜牧业产业结构调整,提高整体经济效益和社会贡献率。随着娱乐、药用、竞技等生态文化价值被重新挖掘,地方畜禽遗传资源将在文化休闲、体育健身、生态维护、医养健康等方面发挥重要作用,引领社会新时尚。

参考文献

[1]山东省革命委员会农林局. 养猪手册[M]. 修订版. 济南：山东人民出版社，1976.

[2]济宁市地方史志编纂委员会办公室.济宁概况[M]. 济宁：济宁市新闻出版局，1984.

[3]山东省农业科学院.山东农业发展历程与新趋势[M]. 济南：山东科学技术出版社，1989.

[4]山东省济宁市农业科学研究所.孔孟之乡农牧名特产资源[M]. 济南：山东友谊书社，1989.

[5]山东省济宁市地方史编纂委员会.济宁市志[M]. 北京：中华书局，2002.

[6]枣庄市地方史志编纂委员会. 枣庄市志[M]. 北京：中华书局，2005.

[7]中国猪品种志编写组. 中国猪品种志[M]. 上海：上海科学技术出版社，1986.

[8]国家畜禽遗传资源委员会组. 中国畜禽遗传资源志·猪志[M]. 北京：中国农业出版社，2011.

[9]山东省畜禽品种志编写委员会. 山东省畜禽品种志[M]. 深圳：海天出版社，1999.

[10]徐锡良. 20世纪山东猪种[M]. 济南：山东科学技术出版社，2011.

[11]ZHOU L，JI J，PENG S，et al. A GWA study reveals genetic loci for body conformation traits in Chinese Laiwu pigs and its implications for human BMI [J]. Mammalian genome，2016，27：610-621.

[12]XING J，XING F，ZHANG C，et al. Genome-wide gene expression profiles in lung tissues of pig breeds differing in resistance to porcine reproductive and respiratory syndrome virus [J]. Plos one，2014，9(1)：e86101.

[13]曾勇庆. 山东地方猪种资源的现状和养猪业的发展[J]. 中国畜牧杂志，2004，40(2)：33-35.

[14]曾勇庆. 山东省养猪业现状、区域布局与发展战略(上、下)[J]. 猪业科学，2008，25(5)：104-105；25(6)：100-103.

[15]刘浩. 猪 SERPINA1 和 MRC1 基因的表达调控及其与抗 PCV2 感染的关系[D]. 泰安：山东农业大学，2016.

[16]邢凤. 猪抗 PRRSV 相关基因的鉴定及功能分析[D]. 泰安：山东农业大学，2011.

[17]李艳平. 猪抗蓝耳病、圆环病毒病相关基因的鉴定与功能分析[D]. 泰安：山东农业大学，2015.

[18]蒋成兰. 猪 PRRSV 感染的介导子及 CYP3A88 的表达及调控研究[D]. 泰安：山东农业大学，2012.

[19]张淑二，刘展生，张敏，等. 山东省地方畜禽遗传资源保护模式与机制[J]. 养殖与饲料，2017(12)：101-103.

[20]国家畜禽遗传资源委员会组.中国畜禽遗传资源志·羊志[M].北京：中国农业出版社，2011.

[21]赵有璋.羊生产学[M].3 版. 北京：中国农业出版社，2013.

[22]联合国粮食与农业遗传资源委员会.第二份世界粮食与农业动物遗传资源状况报告[M].北京：中国农业出版社，2015.

[23]余孚.中国古代的养羊技术[J].古今农业，1991，3：54-59.

[24]孙金梅. 山羊的起源和进化[J].中国养羊，1997，1：6-8.

[25]赵永欣，李孟华.中国绵羊起源、进化和遗传多样性研究进展[J].遗传，2017，39(11)：958-973.

[26]冯维祺.我国古代绵羊品种形成初考[J].农业考古，1991，3：338-345.

[27]王金文.小尾寒羊种质特性与利用[M].北京：中国农业大学出版社，2010.

[28]王可，蔡中峰，楚惠民，等.山东省济宁青山羊种质资源调查与分析报告[J].江苏农业科学，2013，41(7)：215-217.

[29]苑存忠,王建民,马月辉,等.山东省地方绵羊品种微卫星遗传多态性[J].应用生态学报,2006,17(8):1459-1464.

[30]孙允东,马月辉,王建民,等.山东省地方山羊品种群微卫星基因座的遗传多样性[J].家畜生态学报,2006,27(2):19-27.

[31]黄庆华,崔绪奎,王可,等.山东省地方绵羊品种的 mtDNA D-loop 序列多态性及系统进化研究[J].山东农业科学,2012,44(5):5-8.

[32]周李生,颜硕,张圆,等.绵羊羊角形态与遗传调控机制的研究进展[J].畜牧兽医学报,2021,52(8):2073-2082.

[33]何绍钦,刘召乾,刘家园,等.世界多角绵羊品种——泗水裘皮羊[J].中国畜牧兽医,2007,34(8):133-135.

[34]杨景晃,李显耀,王宝维,等.山东省水禽产业的发展基础及"十四五"高质量发展策略[J].家畜生态学报,2023,44(6):92-96.

[35]杨景晃,周开锋,常莹,等.山东省水禽业发展现状与产业生态圈构建设想[J].中国畜牧杂志,2016,52(14):24-28,34.

[36]黄爱莲.文登黑鸭的现状及展望[J].中国畜禽种业,2012,8(7):124.

[37]王宝维,葛文华,史雪萍,等.马踏湖鸭品种形成、发展现状与展望[J].中国家禽,2017,39(19):80-82.

[38]韩兴荣.微山麻鸭保护利用对策建议[J].中国畜禽种业,2023,19(2):54-57.

[39]孙凯,窦广宾.金乡百子鹅资源调查回顾[J].水禽世界,2008,18(6):44-45.

[40]谢华.五龙鹅的现状及其利用[J].禽业科技,1997(5):39.

[41]王宝维.五龙鹅品种简介[J].农业知识,2000,868(22):33.

[42]曹顶国,逯岩.浅谈我国家禽业面临的几个问题[J].山东农业科学,2006(2):80-83.

[43]国家畜禽遗传资源委员会.中国畜禽遗传资源志·特种畜禽志[M].北京:中国农业出版社,2012.

[44]杨静.山东黑褐色标准水貂特征特性及品种评价[J].特种经济动植物,2017,20(10):2-3.

[45]丛波,刘琳玲,宋兴超,等.不同品种水貂毛皮品质比较[J].黑龙江畜牧兽医,2015(6):114-115.

[46]ZENG Y Q, WANG G L, WANG C F, et al. Genetic variation of H-FABP

gene and association with intramuscular fat content in Laiwu Black and four western pig breeds[J]. Asian-australasian journal of animal sciences，2005，18(1)：13-16.

[47]CHEN Q M，WANG H，ZENG Y Q，et al. Developmental changes and effect on intramuscular fat content of H-FABP and A-FABP mRNA expression in pigs[J]. Journal of applied genetics，2013，54(1)：119-123.

[48]王刚. 猪 LPL 和 HSL 基因的遗传变异及其表达的发育性变化与肌内脂肪关系的研究[D]. 泰安：山东农业大学，2006.

[49]王刚，曾勇庆，武英，等. 猪肌肉组织 LPL 基因表达的发育性变化及其与肌内脂肪沉积关系的研究[J]. 畜牧兽医学报，2007，38(3)：253-257.

[50]钱源，曾勇庆，杜金芳，等. 猪 PID1 基因 CDS 区的克隆及其 mRNA 表达与肌内脂肪沉积关系[J]. 遗传，2010，32(11)：1153-1158.

[51]钱源，曾勇庆，崔景香，等. 莱芜猪 PID1 基因的功能分析及表达谱研究[J]. 畜牧兽医学报，2011，42(5)：621-628.

[52]CUI J X，ZENG Y Q，WANG H，et al. The effects of DGAT1 and DGAT2 mRNA expression on fat deposition in fatty and lean breeds of pig[J]. Livestock science，2011，140：292-296.

[53]CHEN Q M，ZENG Y Q，WANG H，et al. Molecular characterization and expression analysis of NDUFS4 gene in m. longissimus dorsi of Laiwu Black（Sus scrofa)[J]. Molecular biology reports，2013，40(2)：1599-1608.

[54]CUI J X，CHEN W，ZENG Y Q. Development of FQ-PCR method to determine the level of ADD1 expression in fatty and lean pigs[J]. Genetics and molecular research，2015，14(4)：13924-13931.

[55]CHEN T，CUI J X，MA L X，et al. The effect of microRNA-331-3p on preadipocytes proliferation and differentiation and fatty acid accumulation in Laiwu pigs[J]. BioMed research international，2019，9287804.

[56]王丽雪. 基于全转录组测序筛选的 miR-34a/LEF1 调控莱芜猪肌内脂肪沉积机制的研究[D]. 泰安：山东农业大学，2022.

[57]魏丕芳，刘婵娟，曾勇庆，等. 八个猪种 ESR 和 FSHβ 基因的遗传变异及其与产仔性能关系的研究[J]. 山东农业大学学报，2008，39(1)：44-48.

[58]孙延晓，曾勇庆，陈其美，等. 八个猪种 PRLR 和 RBP4 基因 PCR-RFLP 检

测及群体遗传特性研究[J]. 山东农业大学学报，2008，39(4)：544-548.

[59]孙延晓，曾勇庆，唐辉，等. 猪 PRLR 和 RBP4 基因多态性与产仔性能的关系[J]. 遗传，2009，31(1)：63-68.

[60]刘婵娟，曾勇庆，魏述东，等. 8 个猪种 ESR 和 FSHβ 基因合并基因型与繁殖性状关系的研究[J]. 畜牧兽医学报，2009，40(3)：291-295.

[61]宋一萍，曾勇庆，陈伟，等. 猪 BMP15 和 BMPR-IB 基因的遗传变异及其与产仔性能的关系[J]. 浙江大学学报(农业与生命科学版)，2010，36(5)：561-567.

[62]王力圆. 不同品种猪感染圆环病毒Ⅱ型后肺组织差异 miRNA 的鉴定及功能分析[D]. 泰安：山东农业大学，2015.

[63]邢晋祎，贾坤航，李艳平. 猪 STARD3NL 基因克隆和表达谱分析[J]. 畜牧兽医学报，2015，46(9)：1678-1685.

[64]朱峰勇. 大蒲莲猪、汶鑫黑猪群体遗传结构及抗病基因多态性分析[D]. 泰安：山东农业大学，2022.

[65]张萍. 猪 miR-122 的靶基因鉴定、转录调控及其对 PCV2 复制的效应[D]. 泰安：山东农业大学，2017.

[66]刘浩. 猪 SERPINA1 和 MRC1 基因的表达调控及其与抗 PCV2 感染的关系[D]. 泰安：山东农业大学，2016.

[67]李艳平. 猪抗蓝耳病、圆环病毒病相关基因的鉴定与功能分析[D]. 泰安：山东农业大学，2015.

[68]朱峰勇. 大蒲莲猪、汶鑫黑猪群体遗传结构及抗病基因多态性分析[D]. 泰安：山东农业大学，2022.

[69]蒋成兰. 猪 PRRSV 感染的介导子及 CYP3A88 的表达及调控研究[D]. 泰安：山东农业大学，2012.

[70]QIN M，CHEN W，LI Z X，et al. Role of IFNLR1 gene in PRRSV infection of PAM cells[J]. Journal of veterinary science，2021，22(3)：e39.

[71]YANG G，REN J，ZHANG Z，et al. Genetic evidence for the introgression of western NR6A1 haplotype into Chinese Licha breed associated with increased vertebral number[J]. Anim genet，2009，40(2)：247-250.

[72]GU M，WANG S，DI A，et al. Combined transcriptome and metabolome analysis of smooth muscle of myostatin knockout cattle[J]. International journal of

molecular sciences，2023，24(9)：8120.

[73]CHEN J，ZHANG S，LIU S，et al. Single nucleotide polymorphisms (SNPs) and indels identified from whole-genome re-sequencing of four Chinese donkey breeds[J]. Animal biotechnology，2023,34(5):1828-1839.

[74]XIE T，ZHANG S，SHEN W，et al. Identification of candidate genes for twinning births in Dezhou donkeys by detecting signatures of selection in genomic data[J]. Genes，2022，13(10)：1902.

[75]张淑二,张敏,孙仁修,等.山东畜禽遗传资源保护调查及策略研究[J].中国畜牧业,2021(7):31-35.

[76]SUN Y，LI Y,ZHAO C H，et al. Genome-wide association study for numbers of vertebrae in Dezhou donkey population reveals new candidate genes[J]. Journal of integrative agriculture，2023(22):3159-3169.

[77]柳淑芳,姜运良,杜立新.BMPR-IB 和 BMP15 基因作为小尾寒羊多胎性能候选基因的研究[J].遗传学报,2003(8):755-760.

[78]CHU M X，LIU Z H，JIAO C L，et al. Mutations in BMPR-IB and BMP-15 genes are associated with litter size in small tailed han sheep（Ovis aries）[J]. Journal of animal science，2007，85(3)：598-603.

[79]CHU M X，XIAO C T，FU Y，et al. PCR-SSCP polymorphism of inhibinβA gene in some sheep breeds[J]. Asian-australasian journal of animal sciences，2007，20(7)：1023-1029.

[80]HAN H，LEI Q，ZHOU Y，et al. Association between BMP15 gene polymorphism and reproduction traits and its tissues expression characteristics in chicken[J]. PLos one，2015，10(11)：e0143298.

[81]CAO D G，ZHOU Y，LEI Q X，et al. Associations of very low density lipoprotein receptor（VLDLR）gene polymorphisms with reproductive traits in a Chinese Indigenous chicken breed[J]. Journal of animal and veterinary advances，2012，11(19)：3662-3667.

[82]周艳,雷秋霞,韩海霞,等.山东地方鸡种 NR3C2 基因多态性检测及其与繁殖性状的关联分析[J].山东农业科学,2022,54(9):137-141.

[83]QIAO X，ZHOU W，ZHANG S，et al. Identification of nucleotide poly-

morphisms in the key promoter region of chicken annexins A2 gene associatied with egg laying traits[J]. Animal biotechnology，2022，1-9.

[84]ZHONG C，LIU Z，QIAO X，et al. Integrated transcriptomic analysis on small yellow follicles reveals that sosondowah ankyrin repeat domain family member A inhibits chicken follicle selection[J]. Animal bioscience，2021，34(8)：1.

[85]KANG L，ZHANG Y，ZHANG N，et al. Identification of differentially expressed genes in ovaries of chicken attaining sexual maturity at different ages[J]. Molecular biology reports，2012，39：3037-3045.

[86]WU H，FAN F，LIANG C，et al. Variants of pri-miR-26a-5p polymorphisms are associated with values for chicken egg production variables and affects abundance of mature miRNA[J]. Animal reproduction science，2019，201：93-101.

[87]LI F，LIU J，LIU W，et al. Genome-wide association study of body size traits in Wenshang barred chickens based on the specific-locus amplified fragment sequencing technology[J]. Animal science journal，2021，92(1)：e13506.

[88] 张淑二,刘展生,王文,等.山东省畜禽遗传资源保护工作再上新台阶[J].中国畜牧业,2019(20):89.

[89]LI F W，LU Y，LEI Q X，et al. Associations between immune traits and MHC BF gene in Shandong indigenous chickens[J]. Journal of animal and veterinary advances，2012，11(19)：3481-3485.

[90]LIU S Y，SELLE P H. A consideration of starch and protein digestive dynamics in chicken-meat production[J]. World's poultry science journal，2015，71(2)：297-310.

[91]HU G，LIU L，MIAO X，et al. Research note：IsomiRs of chicken miR-146b-5p are activated upon salmonella enterica serovar enteritidis infection[J]. Poultry science，2022，101(8)：101977.

[92]MIAO X，LIU L，LIU L，et al. Regulation of mRNA and miRNA in the response to salmonella enterica serovar enteritidis infection in chicken cecum[J]. BMC veterinary research，2022，18(1)：437.

[93]赵兴涛,杨国锋,孙燕,等.五龙鹅 PRL 基因的 SNP 检测及其与产蛋性状的相关分析[J].中国家禽,2011,33(8):25-27.

［94］赵兴涛,杨国锋,孙燕,等.五龙鹅 GnRH、PRL 和 FSHβ 基因多态性与产蛋性状相关研究［J］.中国家禽,2011,33(16):26-28.

［95］赵兴涛,王述柏,杨国锋,等.五龙鹅 FSHβ 基因 SNP 分析与产蛋性状关联性分析［J］.中国农学通报,2011,27(11):20-22.

［96］张淑二,齐超,张敏,等.发挥省级推广机构作用,助力资源保护体系建设［J］.中国畜牧业,2023,(21):45.

［97］WANG T，SHI X，LIU Z，et al. A novel A＞G polymorphism in the in-tron 1 of LCORL gene is significantly associated with hide weight and body size in Dezhou donkey［J］. Animals，2022，12(19)：2581.

［98］YANG C，TENG J，NING C，et al. Effects of growth-related genes on body measurement traits in Wenshang barred chickens［J］. The journal of poultry science，2022，59(4)：323-327.

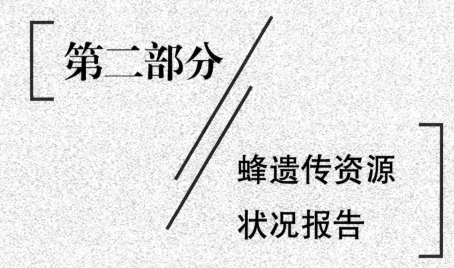

第二部分

蜂遗传资源
状况报告

第一章　蜂遗传资源状况

中华蜜蜂,简称"中蜂",是中国境内东方蜜蜂的总称,也是我国重要的蜜蜂资源之一。在长期的自然选择过程中,中华蜜蜂对栖息地的生态条件产生了极强的适应性,形成了独有的生物学特性。中华蜜蜂遗传资源包括北方中蜂、华南中蜂、华中中蜂、云贵高原中蜂、长白山中蜂、海南中蜂、滇南中蜂、阿坝中蜂、西藏中蜂等9个地方品种。其中,北方中蜂主要分布于我国黄河流域,山东省境内的中华蜜蜂属北方中蜂。

第一节　蜂遗传资源起源

一、蜂的起源与进化

蜜蜂属于膜翅目细腰亚目,最早出现的膜翅目为三叠纪化石中发现的广腰亚目长节叶蜂科,细腰亚目出现在白垩纪。随着被子植物的进化,蜜蜂从起源地向四周扩散,经过漫长年代的地理、气候、生态环境的变化,膜翅目细腰亚目下逐渐形成了蜜蜂科蜜蜂属以及属下的各个蜜蜂种及其亚种。研究认为,蜜蜂起源及进化与其宿主被子植物的出现密不可分。古蜜蜂从被子植物处获得食物来源并为植物传粉,使得被子植物与蜜蜂共同进化。目前,关于蜜蜂的起源有多种说法,有观点认为蜜蜂起源于亚热带地区,也有观点认为蜜蜂起源于亚洲中国华北古陆,还有观点认为蜜蜂起源于非洲,并经历三次走出非洲,散播到全世界。

蜜蜂作为古老的社会性昆虫,经历了漫长的进化时间,有学者推断蜜蜂的进化与板块漂移密切相关。受第四纪冰期的影响,冰期结束后全球蜜蜂的生态位基本被有32条染色体的东方蜜蜂和西方蜜蜂所占据,并由独居蜂过渡为群居蜂。在蜜蜂科中,蜜蜂属进化较快,成为社会性昆虫。东方蜜蜂的进化过程慢于西方蜜蜂,仍接近于祖型。

二、北方中蜂品种的形成

北方中蜂是中华蜜蜂的一个优良地方蜂种,其在山东省的存在历史悠久。化石是研究物种起源的有力证据。山东省莱阳市发现的华北古陆北泊子蜜蜂化石可使蜜蜂的形成历史追溯到白垩纪后期,也表明我省早在1.3亿年前就已出现蜜蜂的早期种类;1983年在山东省山旺盆地发现的化石显示,早在2500万年前的中新世,蜜蜂就已出现与近代蜜蜂基本相同的类脉序,其翅中脉分岔,特点属于中华蜜蜂型,推断可能是中华蜜蜂的祖先。基于以上证据,可以推断出中华蜜蜂祖型起源于2500万年前的中新世以前。

北方中蜂是其分布区域内的自然蜂种,是经过长期自然选择形成的、适应当地生态环境的蜂种,后经人工收捕并驯养形成了如今的具有耐寒性强、分蜂性弱、可维持强群等特点的地方品种。北方中蜂在被人类驯养前一直处于野生状态,于树洞、石缝、地穴中筑巢,现在省内部分山区仍分布着相当数量的野生群落。家养蜜蜂的出现实际上经历了"原始掠夺—山野养蜂—家庭养蜂"这一漫长的历史阶段。古代人在狩猎活动中发现野生蜂蜜,并将蜂巢作为采捕对象,进一步发展为对蜂巢标记后进行看护、定期取蜜的山野养蜂阶段,后来又把野外洞穴中的蜂群放在木桶等容器中饲养,发展成为家养蜜蜂。

第二节 蜂遗传资源现状

山东省地貌类型多样,以丘陵为主,属暖温带季风气候,年平均气温11～14 ℃,全年无霜期由东北沿海向西南递增,植被丰富。独特的自然条件孕育了北方中蜂体型较大、抗寒性强的特点,同时北方中蜂具有嗅觉灵敏、善于利用零星蜜源的特点,对我省的植被覆盖及植物多样性、果蔬生产、山野花草的持续繁衍以及生态系统的平衡起到了至关重要的作用。

19世纪初西方蜜蜂被引入后,由于其生产能力比中华蜜蜂强,蜂农开始以西方蜜蜂饲养为主。北方中蜂在蜜源采集、蜂巢防卫、交尾飞行、病害防御等方面都受到西方蜜蜂的严重干扰和侵害,在激烈的种间竞争过程中,北方中蜂一直处于弱势地位,群体数量减少,分布范围缩小;同时,囊状幼虫病也导致北方中蜂大量死亡;加上传统的毁巢取蜜方式,致使我省北方中蜂数量在2004年已不足1000群。近十几年来,在主管部门、高校、科研院所等单位的联合努力下,我省北方中蜂资源得到有效保护,种群数量也迅速增长,目前已达4万余群。

第三节 蜂遗传资源分布及特性

一、蜂遗传资源分布

北方中蜂(见图2-1-1)主要分布于我国黄河流域,主产区为陕西省。在黄河流域的四川、甘肃、宁夏、山西、河南、山东、河北、北京、天津等地区也有北方中蜂的分布。

图 2-1-1 北方中蜂

山东各地市均有北方中蜂分布。由蒙山山系和沂水流域组成的沂蒙山区森林覆盖率在95%以上,是我省北方中蜂的重要分布区域,主要分布于临沂市蒙阴县、费县、沂水县以及淄博市沂源县;山东半岛的崂山气候温和湿润,宜于南北各方多种植物在此生长或驯化繁殖,因此青岛市崂山区也有较多的北方中蜂分布。山东省还在烟台、潍坊、济宁等市相继建立了省级北方中蜂保种场开展保种工作,其他地市结合当地自然生态条件,或以经济效益为目的,或以生态养蜂、休闲养蜂为目的,均有不同数量的北方中蜂存养。

二、蜂遗传资源特征特性

(一)生产性能

北方中蜂主要生产蜂蜜、蜂蜡和少量花粉,产蜜量因产地蜜源条件和饲养管理水平而异。山东北方中蜂以定地饲养为主,一年取蜜 1～2 次,年均群产蜜量 10～20 kg,转地饲养方式年均群产蜜量 30～40 kg,蜂群年均产蜂蜡量 1～2 kg,可年产花粉 1～2 kg。所产蜂蜜质量与养殖、取蜜方式和管理水平相关,其含水量一般在 17％～22％。活框饲养的蜂群所产蜂蜜较为纯净,传统方式饲养的蜂群以割蜜压榨为主,蜂蜜杂质较多。

(二)授粉特性

北方中蜂具有善于采集零星蜜源、出巢时间早、采蜜期长、出巢温度低、消耗饲料少等生物学特性。利用北方中蜂的授粉特性,能够显著提高农作物产量,降低果实畸形率,增加经济效益,目前,采用北方中蜂进行授粉在山东已经有较大范围的应用。据统计,山东参与授粉的北方中蜂占全省中华蜜蜂总数的 52.57％,主要分布在临沂、潍坊、青岛地区,以给草莓、蓝莓、苹果、梨树等经济作物授粉为主。

(三)生物学特性

第三次全省畜禽遗传资源普查结果显示,在荆条流蜜期期间,北方中蜂蜂王的日均有效产卵数为 800～1000 粒,群势发展能力强,能够维持 8～12 框以上蜂量的强群;越冬性和越夏性强,具有较强的耐寒性;分蜂性和迁徙性弱;抗狄斯瓦螨的能力较强。

第四节　蜂遗传资源变化趋势

一、群体数量

资料显示,在 20 世纪末,我省北方中蜂数量不足 2000 群,2004 年下降到 1000 群左右。第二次全国畜禽遗传资源调查时,山东北方中蜂约 1500 群(《中国畜禽遗传资源志·蜜蜂志》2010 年版)。第三次全省畜禽遗传资源普查结果显示,截至 2021 年年底,山东省共有北方中蜂 44410 群,16 个地市均有北方中蜂分布,其中临沂市的存养量最多,达 15839 群。除此之外,淄博市有蜂群 8767 群,青岛市有 6622 群,德州市有 3690 群,聊城市有 2674 群,烟台市有 1761 群,其他各地市均少于 1000 群,如图 2-1-2所示。

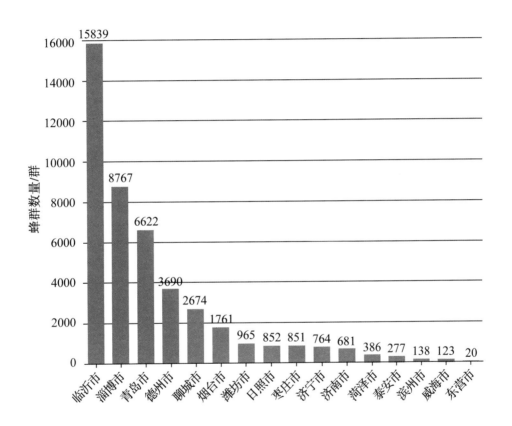

图 2-1-2　山东各地市北方中蜂蜂群数量

二、生物多样性与遗传多样性

研究人员对沂蒙山地区 7 个采样地点的北方中蜂进行微卫星 DNA 分析,结果表明沂蒙山地区北方中蜂的遗传多样性相对较低,其遗传背景具有一定的统一性。以翅脉角作为划分生态型的标准,对比我国华东地区、中部地区及海南岛等 11 个地区的中华蜜蜂形态,发现山东沂源、蒙阴的中华蜜蜂属华东一型,而临朐、枣庄、日照的中华蜜蜂属华东二型，表明山东北方中蜂遗传多样性相对丰富。

三、遗传特性与生产性能

我国幅员辽阔，对于中华蜜蜂而言，随着纬度的北移，海拔升高、年平均气温降低，蜜蜂的体型变大、体色变深。研究人员对采自黄河中下游地区 14 个采样点的中华蜜蜂的 8 个与色型相关的指标进行分析，认为工蜂的体色除与纬度、海拔、年平均气温等因素有关外，还与日照时间、太阳辐射以及大气水分有关。在山东平原及近海的半湿润地区，季风活跃，光、温、水资源适宜，蜂体体色较半干旱地区偏浅，一般呈浅棕色或黄色；同时，山东北方中蜂还具有体型大、善于利用零星蜜源的特点。

在生产性能方面，山东北方中蜂主要以蜂蜜生产为主。西方蜜蜂的引入使活框饲养技术在中华蜜蜂养殖上进行了大范围应用，革新了取蜜方式，极大地提高了蜂蜜的产量。在第二次全国畜禽遗传资源调查时，定地饲养北方中蜂群年产蜂蜜 4～6 kg；而本次普查结果显示，我省北方中蜂群年产蜂蜜达到了 10～20 kg。

第二章　蜂遗传资源作用与价值

第一节　蜂遗传资源对经济的作用与价值

蜜蜂对经济的作用和价值主要体现在蜂产品和授粉两个方面。以蒙阴县北方中蜂养殖为例,2022 年全县北方中蜂蜂蜜产量为 160 t,产值达 0.25 亿元;北方中蜂为农作物、果蔬授粉的面积约 1.47 万公顷(约 22 万亩),产值达 0.33 亿元。

第二节　蜂遗传资源对社会的作用与价值

养蜂业在助力精准扶贫和乡村振兴方面发挥了重要作用。如在脱贫攻坚过程中,蒙阴县大力实施中蜂产业扶贫,受益贫困户达 1200 余户,贫困户新增年收入 3800元以上。2019 年 11 月,中国养蜂学会授予蒙阴县人民政府"全国养蜂精准扶贫示范县"荣誉称号。推广普及中蜂授粉技术,可以使授粉果园增产 25％以上,坐果率提高30％以上,果品农药使用量减少 30％以上,同时还培育了中蜂养殖示范户,推动了蜂产业高质量发展,助力乡村振兴。

此外,养蜂业还可以提供蜂蜜、蜂蜡、蜂花粉等种类丰富的蜂产品以及包括蜂疗等在内的医用价值,在化工、光学仪器与电器、机械业、食品加工等领域也有广泛应用。

第三节 蜂遗传资源对文化的作用与价值

蜜蜂精神代表的是勤劳精神、团队精神、工匠精神、顽强精神和奉献精神,而由这些美好品质浓缩而成的蜜蜂文化与中华优秀传统文化思想相融合,共同发展。唐代罗隐写过《蜂》一首:"不论平地与山尖,无限风光尽被占。采得百花成蜜后,为谁辛苦为谁甜。"赞扬了蜜蜂无私奉献的精神。2019 年 2 月 1 日,习近平总书记在北京慰问基层干部群众途中临时停车,看望工作中的"快递小哥",并指出,"快递小哥"工作很辛苦,起早贪黑、风雨无阻,越是节假日越忙碌,像勤劳的小蜜蜂,是最辛勤的劳动者,为大家生活带来了便利。

第四节 蜂遗传资源对科技的作用与价值

蜜蜂对科技的作用与价值主要体现在蜜蜂作为模式昆虫在科学研究方面的作用以及为蜜蜂仿生学领域发展提供的支持。在蜜蜂生物学方面,蜜蜂肠道菌群的组成简单、特异,在功能、结构上与人的肠道具有诸多共性,已成为研究肠道菌群功能的优良模式平台。除此之外,蜜蜂作为完全变态发育的社会性昆虫,蜂群由两种性别三种类型的蜜蜂组成,是研究昆虫的社会分工及发育生理的重要模型。在仿生学方面,蜂巢结构的单位体积所需材料最少,对建筑学以及航空航天领域的发展具有重要的借鉴意义;而基于蜜蜂群体中个体行为的重复性,为实现算法上对蜂群的仿生,开发了人工蜂群算法;对蜜蜂群体管理、行为过程等开展的仿生设计也取得了良好的效果。

第五节 蜂遗传资源对生态的作用与价值

蜜蜂对于维护生态系统的平衡具有重要作用。植物与授粉者之间的关系是地球上生物多样性最重要的驱动因素之一:没有授粉者,花粉和种子就无法传播,开花植物也就无法繁殖。授粉不仅直接负责开花物种的维持和扩散,而且还支持依赖花朵资源的其他生态系统组成部分的生存。全球 80％的农业授粉服务是由蜜蜂提供的,蜜蜂是世界上几种单一作物中经济价值最高的授粉者,与丰富的植物多样性相伴而生的丰富的昆虫种类的多样性、鸟类种类的多样性,共同构成互相依存、互相制约平衡的生态系统。

第三章　蜂遗传资源保护状况

第一节　蜂遗传资源调查与监测

　　山东省属于暖温带半湿润季风气候区,蜜粉源植物丰富,物候期自西南向东相差7~14天,全省除11月至翌年2月无蜜粉源外,其他月份均有蜜粉源,流蜜盛期载蜂量可达200万群以上,拥有发展养蜂业得天独厚的自然资源。山东省蜂遗传资源主要包括蜜蜂(西方蜜蜂与北方中蜂)、熊蜂和壁蜂。截至2021年年底,我省有北方中蜂44410群、西方蜜蜂40余万群,以蜂产品生产为主,在农作物授粉中也有应用;熊蜂以授粉为主,尤以在设施农业中应用更为普遍;壁蜂是一种独居蜂种,在早春时期主要在胶东半岛地区为苹果、樱桃、梨树等果树授粉,数量在2亿只左右。

第二节　蜂遗传资源鉴定与评估

一、蜂遗传资源鉴定

(一)品种鉴定的历史演变

　　1793年,法国人法布里修斯(Fabricius)根据中国福建沿海的蜜蜂标本命名东方蜜蜂为 *Apis cerana*;1988年,鲁特涅(Ruttner)提出中华蜜蜂是东方蜜蜂的一个亚种(亚洲地区的东方蜜蜂还包括印度蜜蜂亚种、喜马拉雅蜜蜂亚种和日本蜜蜂亚种)。自 20 世纪初以来,随着形态标记和线粒体分子标记技术的发展,关于东方蜜蜂的分类经历了许多变化:根据 1975～1981 年的全国中蜂资源调查项目结果,有专家初步将我国境内的东方蜜蜂划分为海南中蜂、东部中蜂、西藏中蜂、滇南中蜂和阿坝蜜蜂,而东部中蜂又可以分为北方型、两广型、湖南型、云贵高原型、长白山型 5 个类型;2000 年,陈盛禄将中华蜜蜂亚种分为东部中蜂、海南中蜂、阿坝中蜂、中部中蜂和西藏中蜂 5 种不同生态型;2010 年,《中国畜禽遗传资源志•蜜蜂志》中将中华蜜蜂划分为北方中蜂、华南中蜂、华中中蜂、云贵高原中蜂、长白山中蜂、海南中蜂、阿坝中蜂、滇南中蜂、西藏中蜂等 9 种不同类型。其实有关中华蜜蜂的分类仍有待进一步研究。

(二)主要形态与生物学特性指标的评价

北方中蜂蜂王体色以黑色为主,雄蜂体色为黑色,工蜂体色略黑带有黄色。山东省北方中蜂体长更长、体色偏黄,维持大群的能力较强,活框饲养的蜂群比较温顺,迁徙性和分蜂性相对较弱,并具有较强的抗寒能力,但对于囊状幼虫病毒和欧洲幼虫腐臭病的抵抗能力较弱,容易遭受巢虫侵害。

(三)重要经济性状的评价

山东省北方中蜂以产蜜为主,第三次全国畜禽遗传资源普查统计结果表明北方中蜂蜂蜜年群产量为 10～20 kg,主要流蜜期时蜂蜜产量可达 10 kg。产蜜量与蜂种、蜜源植物以及取蜜方式密切相关。山东省蜜源植物以洋槐、荆条为主,而北方中蜂善于采集零星蜜源,因此北方中蜂所生产的蜂蜜一般以杂花蜜居多。

二、濒危状况评估

截至 2021 年年底,山东省北方中蜂数量为 44410 群,全省 16 地市均有分布,且省内建有国家级中华蜜蜂(北方型)保护区、省级中华蜜蜂保护区与保种场,存养量大,保种措施完善,总体处于安全状态。

三、特性与价值的评估

发展蜜蜂养殖,不与种植业争地、争肥、争水,不与养殖业争饲料,具有投资小、见效快、无污染、回报率高的特点,在我国脱贫攻坚与乡村振兴中发挥了重要作用;北方中蜂善于采集零星蜜源,与当地植物共同进化、相互适应,对于维持植物的多样性和生态平衡具有重要作用。蜜蜂传粉和授粉能够帮助植物顺利繁育,增加种子数量和活力,从而修复植被,改善生态环境,是实现绿水青山的重要力量。

第三节　蜂遗传资源保护现状

一、蜂遗传资源保护策略

近年来,国家和山东省及各地市非常重视蜜蜂遗传资源的保护工作,通过出台法律规章,建立保护区、保种场、基因库相结合的方式对蜂遗传资源进行保护。山东省于 2011 年启动中华蜜蜂的保护工作。在保护区建设方面,2011 年 10 月在费县、2012 年 10 月在曲阜市、2017 年 11 月在临朐县建设省级中华蜜蜂保护区;2019 年,农业农村部公布了第七批国家级畜禽遗传资源保护区建设名单,确定在沂蒙山区建设国家级中华蜜蜂(北方型)保护区,并划定总面积约 2600 km² 的保护范围。在保种场建设方面,2013 年 4 月在济宁市曲阜市建设省级中华蜜蜂保种场,2021 年 12 月在蒙阴县、栖霞市、崂山区、费县、临朐县建设省级中华蜜蜂保种场。山东省畜禽遗传资源基因库于 2023 年保存了山东省北方中蜂的遗传资源。

二、保护品种

国家及山东省已将中华蜜蜂分别列入《国家级畜禽遗传资源保护名录》与《山东省畜禽遗传资源保护名录》。

三、保护机制

建立健全蜂遗传资源保护法律,充分发挥政策的支持引导作用。1995 年以来,国家先后启动畜禽遗传资源保护、农业良种工程等专项,加大了对包括蜜蜂在内的资源保种场、保护区和基因库建设的支持。2006 年,国家实施《畜牧法》,为蜜蜂遗传资源保护工作提供了法律依据,同时将中华蜜蜂列入《国家级畜禽遗传资源保护名录》。国家建立国家级中华蜜蜂保护区、保种场、基因库,设立专项监测机构。由国家组织专家定时、定期对保种工作进行检查,及时做好反馈与工作修正,将保护区或保种场中蜂群的数量、性状、生物学特性及时记录比对,保证保种蜂群较为稳定的遗传特性。

第四章 蜂遗传资源利用状况

第一节 蜂遗传资源开发利用现状

山东蜜蜂遗传资源在保护中利用,在利用中发展。对于中华蜜蜂的利用主要以授粉、产蜜、产蜡和产粉为主,也作为模式生物开展基础研究。山东农业大学团队以中华蜜蜂为研究对象,以抗逆种性改良为目标,对导致中华蜜蜂具有较强抗逆性的生物学分子机制进行了深入探索,对蜜蜂抗逆基因进行了结构分析、表达特性分析、重组蛋白功能特性分析等研究。

第二节 蜂遗传资源开发利用模式

一、本品种利用

北方中蜂的饲养历史较早,分布范围内各地饲养的蜂群基本来自野外收捕,经驯化后繁殖扩群饲养。目前,山东省对北方中蜂的利用主要以生产蜂蜜为主,其次是在经济作物及设施农业授粉方面有较多的应用。

二、杂交利用

目前,山东对中华蜜蜂主要以保护为主,未开展杂交育种利用工作。

三、多元化利用

北方中蜂资源及其蜂产品在饮食、医药、文化等领域自古以来就有较多利用。唐朝时期,蜂业生产逐渐兴旺,蜜、蜡等蜂产品成为重要贡品,蜂蜡被广泛应用于蜡烛制造。蜂蜜在现代仍然是重要的食品和调味品,山东省临沂市中华蜜蜂(北方型)保护区内北方中蜂年产蜂蜜 150 余吨,蒙阴县已登记地理标志蜂产品"蒙山蜂蜜"。

弘扬蜜蜂文化有助于推动蜂业的发展,山东省各地市通过举办蜂产品文化节等活动宣传普及养蜂知识与蜜蜂产品。日照市建造的嗡嗡乐园以"蜂文化"为主题,特色生态景观为核心,把蜂产业和农业观光旅游业有机结合起来;蒙阴蒙甜蜂业和济宁陈宜斗蜂业都建造了蜜蜂文化馆,将蜜源植物观光、蜜蜂养殖体验、蜜蜂文化宣传、蜜蜂特色美食有机地融合在一起。

第三节　蜂遗传资源利用方向

目前,山东省境内的北方中蜂以保种为主,目的是保存优秀的中华蜜蜂遗传资源以及维持生态系统的多样性,在育种方面尚未开展相关工作。北方中蜂目前主要在蜂蜜生产以及植物授粉上发挥重要作用。与西方蜜蜂相比,北方中蜂具有抗逆性强的特点,针对于此,可以开展北方中蜂抗逆生物学相关研究,进一步挖掘抗逆分子机制,为将来北方中蜂的利用奠定基础。

第五章　蜂遗传资源保护科技创新

第一节　蜂遗传资源保种理论与方法

　　蜂遗传资源与其他畜禽遗传资源都是人类社会赖以生存和发展的重要生物资源,是满足人类食物与健康需求的直接来源。蜂遗传资源还有助于维持生态系统稳定性、提高农产品产量和质量,是国家重大战略性基础资源。

　　遗传多样性是物种进化潜力的物质基础,科学的保护对策必须尽可能多地考虑保护物种的遗传多样性。蜜蜂与其他生物一样,性状的遗传也符合孟德尔的分离定律、自由组合定律和摩尔根的连锁遗传规律;蜜蜂又与其他生物存在不一样的地方,其性别取决于染色体的倍数性,工蜂和蜂王为雌性蜂,是二倍体,雄蜂是单倍体,性等位基因纯合与否又关系到幼虫能否成活。

　　蜂遗传资源保护主要是利用系统保种理论。以北方中蜂为例,将北方中蜂在一定时空内的基因库作为保护对象,利用现代生物技术在保种的同时结合选育,最大限度地保存品种的基因库。种群组规模越大,组内异质的性等位基因的数量越多,由性等位基因纯合而形成的二倍体雄性个体的概率就越小,幼虫成活率就越高。在保种方法方面,对于北方中蜂的保护,我省主要采取了原产地保种方式。原产地保种又包括保种场保种和保护区保种。除此之外,蜂遗传资源还可以采取基因库保种的方式,主要包括精液冷冻保存以及活体保种。山东省畜禽遗传资源基因库已收集保存了北方中蜂的遗传物质。

第二节　蜂遗传资源保护技术

一、活体保护技术

目前,北方中蜂主要依赖于保护区、保种场进行保护,且以自然交尾为主进行繁育,即蜂场中所有蜂群既作母群又作父群。此技术要求核心保种场采用闭锁繁育技术,蜜蜂闭锁繁育要求根据蜜蜂群体有效含量,选择数量足够、无亲缘关系(或亲缘关系尽可能远)的优良蜂群组成种群组;种群组内群体有效含量要足够大,且遗传变异性要高。人工授精技术是另一项蜂遗传资源活体保护技术,主要优势是可以定向控制交尾。闭锁繁育过程中的混精授精和顶交交配方式都是通过蜜蜂的人工授精技术得以实现的,此技术在西方蜜蜂及育种方面应用比较广泛,在中华蜜蜂上应用相对较少。

二、遗传物质保护技术

雄蜂精液的低温储存技术是保护遗传物质的重要技术。该技术是利用无毒或低毒的抗冷冻保护剂渗透进入精子细胞内和细胞间,通过胞外高渗透压溶液将精子细胞内的游离水析出,以达到减少精子细胞在超低温冷冻时受到冰晶损伤的目的,从而最大限度地保持蜜蜂精子的自然状态,是基因库中的重要保存方式。

三、蜂遗传资源鉴定技术

目前,对蜂遗传资源的鉴定主要有形态测定和分子鉴定两种方式。蜜蜂的形态学测定主要是通过显微镜等工具对蜜蜂的表型形态特征进行测定描述,以此来衡量不同样本间的遗传变异程度,主要包括翅长、翅宽、翅脉角、背板色度、背板宽度、唇肌色度等 36 个形态指标。分子鉴定主要包括线粒体 DNA 法、微卫星标记法、全基因组重测序技术以及全基因组关联分析技术,可实现对蜂遗传资源系统起源、群体结构以及遗传多样性的分析。

第三节　蜂遗传资源优异性状研究进展

目前,针对中华蜜蜂的抗逆基因研究较多,山东农业大学团队主要以中华蜜蜂为研究对象,系统分析了包括 $AccsHsp22.6$、$AccRNM11$、$AccLSD-1$、$AccTAK1$ 等在内的 40 余个抗非生物应激胁迫的基因,以及包括 $AccMsrB$、$AccTpx5$、$AccGSTS1$ 等在内的 50 余个抗氧化相关的基因,并针对有重要经济性状的功能基因不断挖掘鉴定。

第四节　蜂遗传资源保护科技支撑体系建设

一、与蜂遗传资源保护相关的科研院校及其学科建设

我省目前已形成了以大专院校和科研院所为主体的蜂业科技创新体系,开展蜂遗传资源保护工作,其中山东农业大学有国家畜禽遗传资源委员会蜜蜂专业委员会委员 1 人、国家蜂产业技术体系岗位科学家 1 人,并开办课程"蜜蜂养殖学""蜜蜂生产学",向学生科普蜂遗传资源的保护工作及其重要性。

二、人才队伍建设

我省部分高校和科研单位拥有蜜蜂遗传资源保护的技术力量。以山东农业大学为例,该校蜂遗传资源保护团队目前有研究人员 30 余人,包括教授、副教授、讲师等;山东现代农业产业技术体系蜂产业创新团队也设置有蜂资源保护与利用岗位;同时,以各级畜牧技术推广单位为主体的蜂业科技推广服务体系也正在逐步完善。

三、平台、重点实验室等建设

在平台与重点实验室等建设方面,以山东农业大学为例,该校建有全国重点实验室、国家工程研究中心、国家工程技术研究中心、国家技术创新中心等科研创新平台 80 余个,科研仪器设备总值 9.73 亿元。依托非粮饲料资源高效利用重点实验室(省部共建)及山东省畜禽营养与高效饲养重点实验室,山东农业大学动物科技学院建有蜜蜂饲养与生物学实验平台,以开展蜂遗传资源、生物学等方面的研究工作。

第六章　蜂遗传资源保护管理与政策

一、国家法律法规

《畜牧法》第二条规定：蜂、蚕的资源保护利用和生产经营，适用本法有关规定。

第三十五条规定：蜂种、蚕种的资源保护、新品种选育、生产经营和推广，适用本法有关规定，具体管理办法由国务院农业农村主管部门制定。

第四十九条规定：国家支持发展养蜂业，保护养蜂生产者的合法权益。有关部门应当积极宣传和推广蜂授粉农艺措施。

第五十条规定：养蜂生产者在生产过程中，不得使用危害蜂产品质量安全的药品和容器，确保蜂产品质量。养蜂器具应当符合国家标准和国务院有关部门规定的技术要求。

第五十一条规定：养蜂生产者在转地放蜂时，当地公安、交通运输、农业农村等有关部门应当为其提供必要的便利。养蜂生产者在国内转地放蜂，凭国务院农业农村主管部门统一格式印制的检疫证明运输蜂群，在检疫证明有效期内不得重复检疫。

二、部门条例与规范性文件

2011年12月，农业部出台了《养蜂管理办法（试行）》，对维护蜂农合法权益、促进蜂业健康持续发展有很大的推动作用。

国家有关部委也出台了有关蜂业的政策性文件。国家发展改革委和交通部联合印发了《关于进一步完善和落实鲜活农产品运输绿色通道政策的通知》（交公路发〔2009〕784号），明确将转地放蜂运输纳入绿色通道管理，免费通行，有力地促进了我国蜂业发展。

《畜禽遗传资源保种场保护区和基因库管理办法》第三条规定：农业部负责全国畜禽遗传资源保种场、保护区、基因库的管理，并负责建立或者确定国家级畜禽遗传资源保种场、保护区和基因库。省级人民政府畜牧行政主管部门负责本行政区域内畜禽遗传资源保种场、保护区、基因库的管理，并负责建立或者确定省级畜禽遗传资源保种场、保护区和基因库。第十二条规定：畜禽遗传资源保种场、保护区、基因库经公告后，任何单位和个人不得擅自变更其名称、地址、性质或者保护内容；确需变更的，应当按原程序重新申请。

原农业部印发了《关于加快蜜蜂授粉技术推广促进养蜂业持续健康发展的意见》（农牧发〔2010〕5号）、《蜜蜂授粉技术规程（试行）》（农办牧〔2010〕8号）、《关于做好养蜂证发放工作的通知》（农办牧〔2012〕13号）。原农业部兽医局印发了《关于印发蜜蜂检疫规程的通知》（农医发〔2010〕41号）。原农业部、财政部印发了《关于印发农业机械化补贴实施指导意见的通知》，明确将养蜂专用平台（含蜂箱保湿装置、蜜蜂饲喂装置、电动摇蜜机等）列入补贴范围。

环境保护部（现生态环境部）发布的《中国生物多样性保护战略与行动计划（2011～2030年）》指出加强畜禽遗传资源保种场和保护区建设：完善已建畜禽遗传资源保种场和保护区；新建一批畜禽遗传资源保种场和保护区，进一步加大对优良畜禽遗传资源的保护力度；健全我国畜禽遗传资源保护体系，对畜禽遗传资源保护的有效性进行评价。

三、行业管理部门公告

中华人民共和国原农业部对《国家级畜禽遗传资源保护名录》进行了修订，将中华蜜蜂纳入保护范围。

四、地方法规、公告和规范性文件等

为加快蜂业发展，促进农业增效和农民增收，实现由养蜂大省向养蜂强省转变，山东省人民政府办公厅制定了《山东省蜂业发展规划（2014～2020年）》。2010年5月1日开始实施的《山东省种畜禽生产经营管理办法》，第二章对畜禽遗传资源保护制定了管理办法。2016年1月25日颁布了《山东省蜂产业转型升级实施方案》（鲁牧

计财发〔2016〕3 号）。2016 年 5 月 3 日发布了《关于加快我省蜂业发展的通知》（鲁农发〔2016〕3 号）。2018 年 10 月 8 日发布了《关于实施蜂业质量提升行动的通知》（鲁牧计财发〔2018〕59 号）。2021 年发布了《山东省蜂产业"十四五"发展规划》《山东省畜禽遗传资源保护名录》。2022 年发布了《山东省蜜蜂遗传改良计划（2021～2035年）》（鲁牧畜发〔2022〕9 号）。

第二节　蜂遗传资源保护管理体系建设

《畜牧法》第二章第十条规定：国家建立畜禽遗传资源保护制度，开展资源调查、保护、鉴定、登记、监测和利用等工作。各级人民政府应当采取措施，加强畜禽遗传资源保护，将畜禽遗传资源保护经费列入预算。畜禽遗传资源保护以国家为主、多元参与，坚持保护优先、高效利用的原则，实行分类分级保护。

中共山东省委、省政府、省农业厅、省畜牧局、省畜牧总站是主导本省蜂遗传资源保护、利用、发展的主要部门，是传达国家法律、法规、政策的主要部门或机构，能够针对省内蜂业发展情况，制定适合本省蜂遗传资源发展的规程、计划。山东农业大学、山东省农业科学院、聊城大学等高校和科研院所是蜂遗传资源保护的技术支撑机构，能够针对本省蜂资源情况丰富资源保护手段，挖掘蜂资源特色与优势，增强蜂资源保护科技创新能力，并为蜂资源保护利用建言献策。国家现代农业产业技术体系岗位专家团队、山东省现代农业产业技术体系蜂产业创新团队以及各地市畜牧兽医局、畜牧站、保种场是蜂遗传资源保护的技术组织，负责具体资源保护措施的落实、相关试验的开展验证以及蜂遗传资源的保护工作。

第三节　蜂遗传资源保护政策体系建设

对于蜂遗传资源保护政策，我国目前已经建立了覆盖国家、省、市各层级的相对完善的体系。中央全面深化改革委员会第二十次会议审议通过的《种业振兴行动方案》，国家发展改革委、农业部（现农业农村部）、国家林业局（现林业和草原局）联合印发的《特色农产品优势区建设规划纲要》，农业农村部发布的《特色农产品区域布局规划（2013～2020 年）》《全国畜禽遗传资源保护和利用"十三五"规划》《农业种质遗传资源保护与利用三年行动方案》《全国畜禽遗传改良计划（2021～2035 年）》，国务院办公厅发布的《关于加强农业种质资源保护与利用的意见》等政策文件,为蜂遗传资源保护提供了指导作用。山东省紧跟国家政策和发展趋势,提出了一系列的蜂遗传资源保护政策,如《山东省蜂产业转型升级实施方案》《山东省蜂产业"十四五"发展规划》《山东省蜜蜂遗传改良计划(2021~2035年)》等,省财政还针对基因库、保种场、保护区进行了补贴。

第七章　挑战与行动

第一节　蜂遗传资源面临的挑战

一、蜂业发展带来的挑战

蜂产业作为山东省的特色产业体系,近年来发展迅猛,但蜂遗传资源保护相关工作仍需进一步加强。

(一)病虫害与农药给蜜蜂健康养殖带来的挑战

目前,山东省养蜂场蜜蜂疾病(如中蜂囊状幼虫病、欧洲幼虫腐臭病等)和蜜蜂病虫害呈多发态势,防控形势严峻。在养殖密度较高的情况下,一旦有蜂群发生疾病,很容易快速传播流行,给养蜂生产造成严重损失,给蜂资源保护带来较大危害。此外,农药滥用现象较为突出,蜜蜂农药中毒已成为造成我省蜜蜂突然死亡事件发生的重要因素,严重制约了我省蜂产业的健康和可持续发展,以及对蜂遗传资源的保护利用。

(二)蜜蜂现代化养殖推广示范面临的挑战

近年来,随着国家和山东省一系列扶持蜜蜂养殖机械化水平提升措施的出台,我省蜜蜂养殖机械化水平在整体上有了较大的提高,但一些养殖户管理粗放、科技水平低、生产条件差,蜜蜂养殖现代化设施设备研发装备水平较低,生产基础设施简陋,较为严重地影响了我省蜂产业的高质量发展。

（三）蜂产品低附加值带来的挑战

我省蜂产品生产过程中的过程控制关键指标还不够完善，安全生产追溯技术体系未建立完整，对于药用蜂蜜资源等特色蜂产品的生产和利用还不充分，也未充分利用各地地理优势开发地理标志蜂产品、拓展蜂产品影响力、提高其价值。

二、农业产业结构挑战

蜂授粉不仅经济效益显著，而且能够产生强大的生态和社会效益，具有很强的社会公益性。近年来，在蜂产业体系项目推动下，山东产业化蜂授粉的推广与应用有了较大进步，但与蜂授粉大规模产业化应用大省相比还存在不小差距：社会对蜂授粉的重要性认识不足、蜂授粉技术体系建设不够完善、蜂授粉技术应用有待提高、养殖业与种植业相结合不够密切。

三、生态环境改变带来的挑战

部分经济作物不适宜作为蜜蜂的蜜源，其大面积的推广种植造成蜜蜂源植物减少，限制了养蜂业的发展。另外，在农作物种植过程中使用的杀虫剂、除草剂等化学农药，工业上日常生产过程中产生的废水、废气等物质，都对蜜蜂的生存造成了严重的威胁，对蜂资源的保护利用提出了严峻的挑战。

四、蜂遗传资源保护利用面临的挑战

截至 2021 年年底，山东省共有国家级中华蜜蜂（北方型）保护区 1 处、省级中华蜜蜂保护区 4 处、省级中华蜜蜂保种场 6 处，但各保种场面临着技术人员较少、保种措施不完善、保种手段不够丰富的问题。另外，中华蜜蜂育种工作目前尚未启动，蜜蜂授粉作用优势未完全挖掘。这些对于蜂遗传资源保护利用来说都是巨大挑战。

第二节　蜂遗传资源保护行动

一、动态监测行动

在蜂遗传资源的保护工作中，不仅要有数量上的要求，更要有质量上的标准。蜂遗传资源的动态监测行动不但依赖于山东省畜牧兽医局、山东省畜牧总站对全省蜂群存养量和蜂蜜产量监测的规划安排，也依赖于智慧蜂场、无人机设备等信息化、现代化养蜂业的建设发展,以实现蜂遗传资源数据的信息化报告与智能、动态监测。

二、抢救性保护行动

目前,山东省北方中蜂数量在四万群以上,无濒危风险,无需开展抢救性保护行动。

三、科技支撑行动

积极引导有关蜂资源保护和蜂产品加工单位与国内外有关科研、教学及企业进行合作,实现产学研合作。一方面,加强对蜂遗传资源的保护工作,进一步开发北方中蜂的资源优势;另一方面,在蜂产品加工等环节上,不断提高科技含量,生产出适应市场需求的优质蜂产品,进一步提高产品的附加值和市场影响力。

四、可持续利用行动

蜂遗传资源保护是一项公益性事业,要以国家为主,强化各级政府的主体责任;以保为主,实施全面保护;对国家级、省级保护区、保种场加大投资,实施重点保护;充分利用保种场、保护区和基因库保种形式多样的优势,实现活体保护与基因库保存相补充,确保蜂遗传资源保护事业健康、可持续发展。

五、科普行动

倡导各地市积极举办蜜蜂文化节、蜂产品文化节等活动,养蜂企业建立文化馆、文化乐园等科普场所。充分利用好新媒体途径,借助"互联网+"等新平台,加大对地方畜禽资源的宣传力度,使人们对品种资源的营养、保健、医用价值有更深刻的了解和认知。让优质资源产品进入"大市场",以"大市场"带动养殖的"小产业",精准面向潜在客户进行广告宣传和投放,让更多利润直接回馈于民,实现消费者与养殖户的双赢。

第三节 蜂遗传资源利用趋势

加强蜂资源保护和开发利用,加快蜂遗传资源保护体系、科技创新体系和保护与利用协调发展的建设,实现养蜂业高质量发展。

以北方中蜂为研究对象开展抗逆、病虫害防治技术研发。北方中蜂具有抗逆性强、抗螨能力强的特点,深度挖掘北方中蜂抗逆能力,解析其抗病机制,对未来北方中蜂的种质资源利用与保护具有重要意义。

进一步强化蜂授粉的生态和经济价值。蜂资源对于维持生态系统的多样性和生态平衡具有重要作用,要进一步普及宣传蜂授粉对农作物增产和促进生态农业发展的重要性,提高对蜂授粉作用的认识,充分发挥养蜂业对种植业的助力作用。

高附加值蜂产品的开发。以地理标志蜂产品为基础,深入挖掘特色蜂产品的特征活性物质,拓展蜂产品在保健、预防疾病方面的应用范围,提高蜂产品科技附加值,打造优质特色蜂产品品牌,丰富蜂产品种类,加快蜂产品科技成果转化。

蜜蜂文化协同旅游融合发展。普及蜜蜂知识,加强蜜蜂文化馆建设;充分利用旅游业资源优势,将养蜂业与旅游业相结合,强化观光休闲功能;依托农村田园风光和特色养蜂方式,培育休闲养蜂业,使之成为农村观光旅游的一个特色亮点。

参考文献

［1］RUTTNER F. Biogeography and taxonomy of honeybees / friedrich ruttner ［J］. Journal of the New York entomological society，1989，97(3)：365-367.

［2］郭锐. 唐代蜂业初探［J］. 中国社会经济史研究，2011 (1)：8-13.

［3］洪友崇. 山东莱阳盆地莱阳群昆虫化石的新资料［C］∥地层古生物论文集(第十一辑)，1984.

［4］洪友崇. 山东山旺硅藻土矿中的昆虫化石［C］∥地层古生物论文集(第十一辑)，1984.

［5］洪友崇. 蜜蜂化石和起源问题［J］. 中国养蜂，1997 (6)：4-6.

［6］吉挺. 中国东方蜜蜂资源遗传多样性分析［D］. 扬州：扬州大学，2009.

［7］郎浩宇，王小斐，陈芳，等. 新型模式平台——蜜蜂用于肠道菌群与营养健康研究［J］. 中国食品学报，2020，20(12)：311-319.

［8］李延璨. 形态与群体基因组测定研究华东地区中华蜜蜂种质资源特性［D］. 泰安：山东农业大学，2020.

［9］王桂芝，娄德龙，姜风涛，等. 山东中华蜜蜂资源现状、问题及保护措施［J］. 中国蜂业，2016，67(11)：34.

［10］王桂芝，石巍. 黄河中下游东方蜜蜂种质资源工蜂色型多样性研究［J］. 江西农业大学学报，2009，31(5)：818-825.

［11］王琪琦，杜欣玥，高西贝，等. 蜂蜜功能活性及药用价值研究进展［J］. 食品安全质量检测学报，2022，13(18)：5849-5854.

［12］王帅，娄德龙，赵丰华，等. 山东省蜜蜂授粉情况调研报告［J］. 中国蜂业，2022，73(10)：35-37.

［13］郗学鹏，张卫星，魏伟，等. 沂蒙山地区中华蜜蜂种群遗传多样性分析［J］.

昆虫学报，2018，61(12)：1462-1471.

[14]杨冠煌.中华蜜蜂资源调查（二）[J].中国养蜂，1984（6）：16-19.

[15]杨清杰，胡福良.蜜蜂的起源与进化[J].蜜蜂杂志，2020，40(6)：17-20.

[16]张宏增，胡福良.中国蜜蜂文化的起源及其与传统文化思想的融合发展[J].蜜蜂杂志，2021，41(8)：21-24.

[17]赵挺.蜂群算法及其仿生策略研究[D].杭州：浙江大学，2016.

[18]周斌，张大隆.浅谈中华养蜂业发展历史、现状与对策——论蜂业企业联合发展之路[J].中国蜂业，2010，61(2)：46-47.

附　件

专业名词解释

配套系：指利用不同品种或种群之间的杂种优势，通过特定组合用于生产商品群体的品种或种群。

屠宰率：宰后胴体质量和畜禽活重（空腹 12 h）的比率。公式为：屠宰率＝胴体质量÷畜禽活重。

大理石纹评分：大理石纹反映了一块肌肉内可见脂肪的分布状况。通常以最后一个胸椎处的背最长肌为代表，用目测评分法评定：脂肪只有痕迹评 1 分，微量脂肪评 2 分，少量脂肪评 3 分，适量脂肪评 4 分，过量脂肪评 5 分。目前暂用大理石纹评分标准图测定。如果评定鲜肉时脂肪不清楚，可将肉样置于冰箱内（在 4 ℃下）保持 24 h后再评定。

抗逆性：指机体在内外环境因素的刺激下所发生的功能和形态结构上的适应性反应，是一个相当广泛的概念。抗逆性是机体对环境刺激所表现出来的一种代偿适应能力。其主要表现为：细胞数量增加，体积增大；细胞膜通透性增加；内环境酸碱度改变；新陈代谢旺盛；免疫功能增强；免疫活性物质分泌增多；等等。

近交增量：又叫"近交率"，指群体遗传多样性消失的概率，可以用一代间群体平均近交系数的增量来表示。公式为：$\Delta F = Ne/2$，其中 ΔF 表示近交率，Ne 表示群体有效含量。

杂合度：指在一个多态位点上，随机个体含有任意两个不相同等位基因的可能性。杂合度的计算公式通常使用 F 系数来表示，其中 F 系数是通过观察到的纯合子数量和期望的纯合子数量之间的差异来计算的。

鬐甲:家畜外型部位名称,位于颈脊与背脊之间的隆突部位,基础为部分胸椎棘突。

挽力:指骡马等拉车或农具时能够使役的力量。

横交固定:指当杂交到一定阶段时,用符合理想型的杂种公、母畜进行互交繁育,以育成新品种的方法。

基因频率:指在一个种群基因库中,某个基因占全部等位基因数的比率。

基因编辑:又称"基因组编辑"或"基因组工程",是一种对生物体基因组特定目标基因进行较精确修饰的基因工程技术。

基因图谱:指综合各种方法绘制成的基因在染色体上的线性排列图。

多组学测序:指同时进行多个组学层面的测序分析,如蛋白质组、微生物组、转录组和代谢组测序等,通过基因表达法则将各个组学层面联系起来,建立某一生命过程或代谢通路的作用机制,有助于建立代谢过程的代谢通路以及发掘关键的生物标志物。

近交速率:指的是在一个群体中,由于近亲交配而导致个体基因型纯合度增加的速度。

遗传漂变:指小的群体中,由于不同基因型个体生育的子代个体数有所变动而导致基因频率的随机波动。

家系等量留种:指在每世代中各家系选留的数量相等,而公母数量保持原比例的留种方式。

随机交配:群体遗传学中的一个术语,指群体中雌雄个体间无选择地进行交配。纯种选育时,多采用随机交配。

轮回杂交:杂交的各原始亲本品种轮流与各代杂种(母本)进行回交,以取得优良经济性状的杂交。

囊胚:指内部产生囊胚液、囊胚腔的胚胎,囊胚中所有细胞都没有开始分化,这个阶段之后胚胎开始出现分化。根据胚胎分化的部位不同,囊胚细胞分为滋养外胚层细胞(之后分化为胎盘部分)和内细胞团(之后分化为胎儿部分)。

表型:由基因型产生的、可以观察或鉴定的特征。

SNP(单核苷酸多态性):主要是指在基因组水平上由单个核苷酸的变异所引起的 DNA(脱氧核糖核酸)序列多态性。

囊状幼虫病:亦称"囊雏病",为蜜蜂幼虫的一种传染病,病原为蜜蜂囊状幼虫病毒。患病幼虫在 5～6 日龄时大量死亡。虫尸头尖、略向上翘,内部充满含有细小颗粒的透明液体,无黏性,无气味,夹出时形成囊状,干枯后变成龙船样头上翘的黑色硬皮。多发生在春末夏初或秋末冬初。

线粒体 DNA:是存在于细胞质中的一种环状双链 DNA 分子,位于细胞核外的线粒体内。

微卫星 DNA:是真核生物基因组重复序列中的主要组成部分,主要由串联重复单元组成,每单元长度为 1～10 bp,1 个 SSR 的总长度可达几十到几百个碱基对。又称"短串联重复序列"或"简单重复序列",广泛随机地分布于真核生物基因组中。在 DNA 序列中平均每 6 kb 就可能出现一个,约占人基因组的 10%,其基本构成单位(核心序列)为 1～6 bp,呈串联重复排列。

特种畜禽:指传统畜禽之外的畜禽,主要包括梅花鹿、马鹿、驯鹿、羊驼、火鸡、珍珠鸡、雉鸡、鹧鸪、番鸭、绿头鸭、鸵鸟、鸸鹋、水貂、银狐、北极狐、貉等 16 类。

生态多样性:是指生物群落及其生态过程的多样性,以及生态系统的内生境差异、生态过程变化的多样性等。生态多样性是生物多样性的一个重要层次,它关注的是一定区域内生态系统的组成、结构、功能以及它们随时间变化的复杂性。生态多样性主要涉及生态系统层面的多样性,包括不同生态系统类型(如森林、草原、湿地等)的多样性,以及这些系统内部的生态过程和环境差异。

遗传多样性:是指生物体内决定性状的遗传因子及其组合的多样性。遗传多样性是生物多样性的一个层面,指的是物种的遗传组成中全部的遗传特征之和,即存在于生物个体内、单个物种内以及物种之间的基因多样性,包括分子、细胞和个体三个水平上的遗传变异度,是生命进化和物种分化的基础。

畜禽濒危等级:根据 100 年种畜近交系数(F_{100}),将其划分为灭绝、濒临灭绝、严重危险、危险、较低危险、安全等 6 级。F_{100} 的设定值如下:

1)灭绝:只存在单一性别可繁个体或者不存在纯种个体。

2)濒临灭绝:$F_{100} > 0.2$;

3)严重危险:$0.15 < F_{100} \leqslant 0.2$;

4)危险:$0.1 < F_{100} \leqslant 0.15$;

5)较低危险:$0.05 < F_{100} \leqslant 0.1$;

6)安全:$F_{100} \leqslant 0.05$。